ML Mathematik für die Lehrerausbildung

Buchmann: **Nichteuklidische Elementargeometrie**
Einführung in ein Modell. 126 Seiten. DM 18,80

Freund: **Elemente der Zahlentheorie**
119 Seiten. DM 19,80

Freund/Sorger: **Aussagenlogik und Beweisverfahren**
136 Seiten. DM 18,80

Freund/Sorger: **Logik, Mengen, Relationen**
Praxis des mathematischen Beweisens. 191 Seiten. DM 19,80

Kinder/Spengler: **Die Bewegungsgruppe einer euklidischen Ebene**
Ein axiomatischer Aufbau ohne Anordnungsbegriff
157 Seiten. DM 22,80

Kreutzkamp/Neunzig: **Lineare Algebra**
136 Seiten. DM 18,80

Löthe/Müller: **Taschenrechner**
168 Seiten. DM 18,80

Menzel: **Elemente der Informatik**
Algorithmen in der Sekundarstufe I. 224 Seiten. DM 22,80

Messerle: **Zahlbereichserweiterungen**
119 Seiten. DM 18,80

Müller/Wölpert: **Anschauliche Topologie**
Eine Einfühung in die elementare Topologie und Graphentheorie
168 Seiten. DM 19,80

Schnabel: **Elemente der Gruppentheorie**
143 Seiten. DM 16,80

Simm/Gonska: **Algebraische Strukturen**
208 Seiten. DM 24,80

Walser: **Wahrscheinlichkeitsrechnung**
164 Seiten. DM 18,80

Wippermann: **Einführung in die Analysis**
207 Seiten. DM 19,80

Preisänderungen vorbehalten

 B. G. Teubner Stuttgart

Mathematik für die Lehrerausbildung

R. Schnabel
Elemente der Gruppentheorie

Mathematik für die Lehrerausbildung

Herausgegeben von

Prof. Dr. G. Buchmann, Flensburg, Prof. Dr. H. Freund †
Prof. Dr. P. Sorger, Münster, Prof. Dr. U. Spengler, Kiel
Dr. W. Walser, Baden/Schweiz

Die Reihe Mathematik für die Lehrerausbildung behandelt studiumsgerecht in Form einzelner aufeinander abgestimmter Bausteine grundlegende und weiterführende Themen aus dem gesamten Ausbildungsbereich der Mathematik für Lehrerstudenten. Die einzelnen Bände umfassen den Stoff, der in einer einsemestrigen Vorlesung dargeboten wird. Die Reihe eignet sich besonders zum Gebrauch neben Vorlesungen, zur Prüfungsvorbereitung sowie zur Fortbildung von Lehrern.

Elemente der Gruppentheorie

Von Dr. rer. nat. Rudolf Schnabel
Priv.-Doz. an der Universität Kiel

Mit 226 Aufgaben

 B. G. Teubner Stuttgart 1984

Priv.-Doz. Dr. rer. nat. Rudolf Schnabel, Kiel

Geboren 1948 in Weingarten. Von 1966 bis 1972 Studium der Mathematik, Informatik und der Wirtschaftswissenschaften in Tübingen und Kiel. 1974 Promotion bei F. Bachmann. 1982 Habilitation in Mathematik. Seit 1974 wiss. Assistent am Mathematischen Seminar der Universitität Kiel. 1983/84 Gastprofessor an der Universität Oldenburg.

CIP-Kurztitelaufnahme der Deutschen Bibliothek

Schnabel, Rudolf:
Elemente der Gruppentheorie / von Rudolf Schnabel. –
Stuttgart : Teubner, 1984.
  (Mathematik für die Lehrerausbildung)

ISBN 978-3-519-02714-0   ISBN 978-3-322-94759-8 (eBook)
DOI 10.1007/978-3-322-94759-8

Gesamtherstellung: J. Beltz, Hemsbach/Bergstr.
Umschlaggestaltung: W. Koch, Sindelfingen

VORWORT

Das vorliegende Buch ist aus der Intention entstanden, einen Kursus der Gruppentheorie zu entwerfen, der als Grundlage für alle Kurse aus dem Bereich der
Algebra dienen kann. Insofern werden hier einerseits keine algebraischen Kenntnisse
vorausgesetzt und andererseits bewußt weitergehende algebraische Begriffsbildungen
(wie etwa "Ring", "Körper", "Vektorraum", etc.) vermieden. Vom Leser wird ledig-
lich eine gewisse Vertrautheit mit dem Zahlenrechnen und den grundlegenden Techniken
der Mengenlehre und Logik erwartet. Die Gruppentheorie eignet sich für eine
solche "pure" Behandlung besonders gut, da der Begriff der Gruppe im Gesamt-
feld algebraischer Strukturbegriffe vergleichsweise einfach ist - gemeint ist
seine Definition, nicht seine Theorie -. Zugleich stellen die an Gruppen entwickelten Methoden einen guten Zugang zur algebraischen Denkweise dar.

Die Einteilung des Buches in sechs Hauptabschnitte stellt eine didaktische
Stufung dar, die es möglich macht, nach jedem Hauptabschnitt den Kursus sinn-
voll zu beenden, d.h. es wird in diesem Sinne keine "Theorie auf Vorrat" be-
trieben. Auch im Ablauf der Theorie, bei der Einführung neuer Begriffe etwa,
habe ich versucht, dieses Prinzip der internen Motivation einzuhalten. Die
Überschriften der Hauptabschnitte 1,2,4 und 6 zeigen, daß ich auch ein gewisses
Prinzip der externen Motivation bei der Gliederung des Stoffes verwendet habe.

Die Aufgaben, die jeweils am Ende eines Unterabschnittes gesammelt sind, sind
teilweise Übungen und teilweise Ergänzungen zum Stoff; sie sind für ein Ein-
arbeiten in die Theorie unerläßlich.

Innerhalb jedes Hauptabschnittes sind die Definitionen und Sätze gemeinsam
durchnumeriert und die Aufgaben für sich; die zusätzliche Einteilung in Unter-
abschnitte dient nur dazu, die Gesamtgliederung zu verdeutlichen.

Im Literaturverzeichnis am Ende des Buches habe ich zu den einzelnen Kapiteln
nur einige Standardlehrbücher aufgeführt, die zum Vergleich oder zur Ver-
tiefung herangezogen werden können. Da es sich hier ohnehin um grundlegenden
Standardstoff der Algebra handelt, habe ich im Text auf Literaturhinweise ver-
zichtet.

Dieses Buch ist das erste aus der Reihe "Mathematik für die Lehrerausbildung"
des Teubner-Verlages, das die bisherige Gepflogenheit der Einteilung des Textes
in A, B und C - Teile aufgibt. Hierdurch wurde eine stärkere Verschränkung
verschiedener Texttypen (motivierende Erklärungen, mathematische Texte, Anwendungen, Ausblicke) und damit eine Bewältigung des sehr umfangreichen

Stoffes auf relativ engem Raum ermöglicht.

Mein besonderer Dank gilt Herrn Prof.Dr.U.Spengler für seine Anregung zu diesem Buch und seine wertvollen Ratschläge zur Konzeption, Herrn Dr.H.Laue für viele Hinweise zur Theorie und einige Aufgabenvorschläge, Herrn Dipl.-Math.J.Gomoletz für die sehr sorgfältige Herstellung des Manuskriptes, und schließlich dem Verlag für seine Geduld.

Reesdorf in Holstein,im Sommer 1984   Rudolf Schnabel

INHALT

1 DAS RECHNEN IN GRUPPEN (GRUPPEN UND ARITHMETIK)

1.1 Einführung des Gruppenbegriffs

In der Gruppentheorie, und allgemeiner in der Algebra, untersucht man Strukturen, in denen eine oder mehrere Verknüpfungen gegeben sind, die gewissen
(naheliegenden) Rechengesetzen genügen. Die Theorie des betreffenden Strukturtyps (hier: die Gruppentheorie) erwächst aus dem Versuch, einen möglichst
vollständigen Überblick über alle Modelle des Strukturtyps (hier: Gruppen)
zu gewinnen - ein Ziel, das oft in unerreichbarer Ferne liegt.

Der Ausgangspunkt einer algebraischen Theorie ist allemal ein Axiomensystem,
durch welches ein Strukturtyp festgelegt wird, und das meist durch Reduktion
von Rechengesetzen eines gewissen Bereichs auf wenige Grundgesetze entsteht.
Auch die Gruppentheorie ist so entstanden, nämlich aus dem Rechnen mit Permutationen (siehe Abschnitt 2), d.h., eine Gruppe ist eine Struktur, in der
solche Gesetze gelten, die man als grundlegend und allgemeingültig für das
Rechnen mit Permutationen erkannt hat.

A.Cauchy hat 1815 den Begriff der Gruppe konzipiert, und *E.Galois* (1812-
-1832), der als einer der Hauptbegründer der Gruppentheorie gilt, hat Permutationsgruppen als Hilfsmittel zur Analyse von Gleichungen höheren Grades
eingesetzt. Erst später erwies sich dann die umfassende, weit über die
Algebra hinausgehende Bedeutung des Gruppenbegriffs, und er wurde auch erst
später abstrakt gefaßt, also abgelöst von dem konkreten Konzept der Permutationen. Heute trägt der Gruppenbegriff in vielen mathematischen Gebieten
zur methodischen und inhaltlichen Klärung bei.

1.1.1 Verknüpfungsgebilde, Halbgruppen und Gruppen

Die Struktur einer Gruppe ist durch ihre Verknüpfung gegeben. Beispiele für
Verknüpfungen lernt man in der Arithmetik schon früh kennen: Addition, Subtraktion, Multiplikation und Division. Der Verknüpfungsbegriff wird auf den
allgemeinen Abbildungsbegriff zurückgeführt.

1.1 DEFINITION Für eine Menge G heißt eine Abbildung · von G×G in G eine
Verknüpfung auf G, und $G:=(G,·)$ heißt ein *Verknüpfungsgebilde*. G heißt dann
die *Trägermenge von* G und · die *Verknüpfung von* G. Ist G endlich, so heißt
G *endlich* und |G| die *Ordnung von* G.

Verknüpfungsgebilde, die in der Literatur auch *Rechengebilde* oder *Grup-*

poïde heißen, bezeichnen wir mit großen Frakturbuchstaben und deren Träger-
mengen mit großen lateinischen Buchstaben. Für Verknüpfungen verwenden wir
neben den üblichen Symbolen +,· auch die Zeichen ∘,∗, etc. .
Das Bild eines Paares (x,y) bei einer Verknüpfung ∘ schreibt man häufig in
der Form x∘y, um durch diese "Zwischenschreibweise" an die klassischen Verknüpfungen zu erinnern und Klammern zu sparen.

Langweilige Beispiele für Verknüpfungsgebilde (die aber beim Aussprechen
von Sätzen nicht übersehen werden dürfen) sind die kleinsten Beispiele:
die Verknüpfungsgebilde der Ordnung 0 und der Ordnung 1.

Die Schwierigkeit des allgemeinen Verknüpfungsbegriffs liegt darin, daß
die inhaltliche Vorstellung von einer gesetzmäßigen Operation durch eine
explizite Angabe aller möglichen einfachen Verknüpfungsgleichungen ersetzt
wird. Man kann also auf einer Menge G durch willkürliche Zuordnung zwischen
Elementen von G×G und Elementen von G eine Verknüpfung konstruieren. Gerade
in dieser Willkürlichkeit, die der intuitive Verstand nicht leicht akzeptiert,
liegt der Vorteil des Verknüpfungsbegriffs, denn nur so kann die unüber-
schaubare Vielfalt der verschiedenen (interessanten) Verknüpfungen abstrakt
umrissen werden.

Eine besonders übersichtliche "Auflistung" einer (endlichen) Verknüpfung
geschieht durch ihre sogenannte Verknüpfungstafel:

Sei ∘ eine Verknüpfung auf einer n-elementigen Menge $G=\{g_1,\ldots,g_n\}$ (für
eine natürliche Zahl n). Dann versteht man unter der *Verknüpfungstafel*
von ∘ (oder *von* (G,∘)) eine n×n-Tabelle mit der Eingangsspalte und Ein-
gangszeile $g_1\ g_2\ \ldots\ g_n$, in der für jedes Paar (i,j) mit $i,j\in\{1,\ldots,n\}$
an der Kreuzungsstelle der i-ten Zeile und der j-ten Spalte das Element
$g_i\circ g_j$ steht.

$$
\begin{array}{c|ccccc}
\circ & g_1 & \cdots & g_j & \cdots & g_n \\
\hline
g_1 & g_1\circ g_1 & \cdots & g_1\circ g_j & \cdots & g_1\circ g_n \\
\vdots & \vdots & & \vdots & & \vdots \\
g_i & g_i\circ g_1 & \cdots & g_i\circ g_j & \cdots & g_i\circ g_n \\
\vdots & \vdots & & \vdots & & \vdots \\
g_n & g_n\circ g_1 & \cdots & g_n\circ g_j & \cdots & g_n\circ g_n
\end{array}
$$

Gewisse Eigenschaften eines Verknüpfungsgebildes kann man mit einem Blick
an seiner Verknüpfungstafel ablesen, wie z.B. die Kommutativität (siehe
Definition 1.5), die sich an der Symmetrie der Tafel zu ihrer Hauptdia-

gonalen ausdrückt. Grundsätzlich empfiehlt es sich jedoch, keine "Theorie der Verknüpfungstafeln" zu treiben; vielmehr dienen die Verknüpfungstafeln zur Konkretisierung der Theorie der Verknüpfungsgebilde.

Obwohl der Gruppenbegriff, wie schon erwähnt, aus dem Rechnen mit Permutationen hervorgegangen ist, läßt er sich sehr einleuchtend aus dem Umgang mit den Verknüpfungen der Arithmetik motivieren.

Wir betrachten hierzu die Auflösung der Gleichung

$$x+a = b \quad \text{mit ganzen Zahlen } a,b \text{ .}$$

(Wir "befinden" uns also jetzt in dem Verknüpfungsgebilde $(\mathbb{Z},+)$.)
Addition von -a auf beiden Seiten liefert:

$$(x+a)+(-a) = b+(-a) \text{ .}$$

Durch Umklammerung auf der linken Seite der Gleichung ergibt sich:

$$x+(a+(-a)) = b+(-a) \text{ .}$$

Nun ist $a+(-a)=0$. Also folgt:

$$x+0 = b+(-a) \text{ ,}$$

Wegen $x+0=x$ folgt schließlich:

$$x = b+(-a) \text{ ,}$$

womit die Gleichung gelöst ist.
(Entsprechend geht man bei einer Gleichung $a+x = b$ vor, verwendet $(-a)+a=0$ und $0+x=x$ und erhält $x=(-a)+b$.)

Hier hat man nun in einem Verfahren gerade die Gruppeneigenschaften versammelt. Daß man umklammern darf, besagt das Assoziativgesetz. Die Reduktion $x+0=x=0+x$ wird durch die Existenz des neutralen Elementes und die Reduktion $a+(-a)=0=(-a)+a$ durch die Existenz der inversen Elemente ermöglicht. Diese drei Bedingungen zusammen konstituieren den Gruppenbegriff.

1.2 DEFINITION Eine Verknüpfung • auf einer Menge G heißt *assoziativ*, und das Verknüpfungsgebilde (G,•) heißt eine *Halbgruppe*, wenn (G,•) dem *Assoziativgesetz*:

$$\text{Für alle } x,y,z \in G \text{ gilt } (x{\cdot}y){\cdot}z = x{\cdot}(y{\cdot}z)$$

genügt.

1.3 DEFINITION Sei $G=(G,\cdot)$ ein Verknüpfungsgebilde.
Ein Element $e \in G$ mit $x{\cdot}e = x = e{\cdot}x$ für alle $x \in G$ heißt ein *neutrales Element von* G.
Zu einem Element $x \in G$ heißt ein Element $y \in G$ *invers* (*in* G), wenn $x{\cdot}y = y{\cdot}x$ und $x{\cdot}y$ ein neutrales Element von G ist.

1.4 DEFINITION Ein Verknüpfungsgebilde $\mathbb{G}=(G,\cdot)$ heißt eine *Gruppe*, wenn es den folgenden drei Bedingungen genügt:

· ist assoziativ.

$\mathbb{G}$ hat ein neutrales Element.

Zu jedem Element von G gibt es ein inverses Element in $\mathbb{G}$.

Wie man leicht zeigt, kann die Existenz eines neutralen Elementes in der Gruppendefinition durch die Nicht-Leerheit der Trägermenge ersetzt werden. Eine Gruppe ist also, kurz gesagt, eine Halbgruppe mit nicht-leerer Trägermenge, in der jedes Element ein inverses Element hat.

Beispiele für Gruppen aus der Arithmetik: $(\mathbb{Z},+)$, $(\mathbb{Q},+)$, $(\mathbb{R},+)$, $(\mathbb{Q}\setminus\{0\},\cdot)$, $(\mathbb{Q}_{>0},\cdot)$, $(\mathbb{R}\setminus\{0\},\cdot)$, $(\mathbb{R}_{>0},\cdot)$. (Dabei sei $\mathbb{Q}_{>0}$ die Menge der positiven rationalen und $\mathbb{R}_{>0}$ die Menge der positiven reellen Zahlen.)
Beispiele für Halbgruppen aus der Arithmetik, die keine Gruppen sind:
$(\mathbb{N},+)$, $(\mathbb{N}_0,+)$, $(\mathbb{N},\cdot)$, $(\mathbb{N}_0,\cdot)$, $(\mathbb{Z},\cdot)$, $(\mathbb{Q},\cdot)$, $(\mathbb{Q}_{>0},+)$, $(\mathbb{Q}_{\geq 0},+)$, $(\mathbb{R},\cdot)$, $(\mathbb{R}_{>0},+)$, $(\mathbb{R}_{\geq 0},+)$. (Dabei sei $\mathbb{N}_0:=\mathbb{N}\cup\{0\}$, $\mathbb{Q}_{\geq 0}$ die Menge der nicht-negativen rationalen und $\mathbb{R}_{\geq 0}$ die Menge der nicht-negativen reellen Zahlen.)
Die Verknüpfungen in allen diesen Beispielen sind kommutativ, d.h., es kommt beim Verknüpfen nicht auf die Reihenfolge der zu verknüpfenden Elemente an. Wir heben diese wichtige Eigenschaften durch eine Definition hervor:

1.5 DEFINITION Eine Verknüpfung · auf einer Menge G heißt *kommutativ*, und ebenso das Verknüpfungsgebilde $(G,\circ)$, wenn $(G,\circ)$ dem *Kommutativgesetz*

     Für alle $x,y\in G$ gilt $x\cdot y = y\cdot x$

genügt.
Eine kommutative Gruppe heißt auch *abelsch* (nach dem Mathematiker *N.H.Abel*).

Obwohl wir die Sätze von Anfang an für beliebige Gruppen aussprechen, besteht das Beispielmaterial dieses Abschnittes 1 nur aus abelschen Gruppen.

Kommutative Gruppen und Halbgruppen werden in der Algebra häufig *additiv geschrieben*, d.h., die Verknüpfung wird durch + bezeichnet. Beliebige Gruppen (und allgemeiner: Verknüpfungsgebilde) werden üblicherweise *multiplikativ geschrieben*, d.h., die Verknüpfung wird durch · bezeichnet und dann noch meist weggelassen, so daß Produkte einfach durch Nebeneinanderstellen der Faktoren dargestellt werden.

Wir führen nun eine in der Algebra übliche (leider etwas laxe) Rede- und Schreibweise ein: Man läßt bei Angabe eines Verknüpfungsgebildes oft die

Verknüpfung weg, und nennt die Trägermenge selbst das Verknüpfungsgebilde.
Die Verknüpfung wird dann multiplikativ geschrieben, wenn nichts anderes
gesagt wird. So bedeutet also z.B. "G ist eine Gruppe", daß G die Trägermenge einer multiplikativ geschriebenen Gruppe ist. Soll die Verknüpfung
eines Verknüpfungsgebildes nicht ·, sondern z.B. ∘ sein, so sagt man statt
"das Verknüpfungsgebilde (G,∘)" auch "das Verknüpfungsgebilde G mit der
Verknüpfung ∘". Entsprechend müssen auch andere Redeweisen über ein Verknüpfungsgebilde, die sich in Wirklichkeit auf seine Trägermenge beziehen,
(wie z.B. "Element einer Gruppe", "Teilmenge einer Gruppe", etc.) richtig
interpretiert werden. Wenn Mißverständnisse zu befürchten sind, greifen wir
auf die ursprüngliche exakte Bezeichnungsweise zurück.

Wir stellen nun den problemfreien Umgang mit dem neutralen und den inversen
Elementen sicher.

1.6 SATZ (*Eindeutigkeit des neutralen und der inversen Elemente*)
a) Jedes Verknüpfungsgebilde enthält höchstens ein neutrales Element.
b) Jede Halbgruppe enthält zu jedem Element höchstens ein inverses Element.
c) Jede Gruppe enthält genau ein neutrales Element und zu jedem Element genau
   ein inverses Element.

Beweis. Zu a) Seien e,e' neutrale Elemente eines Verknüpfungsgebildes G. Dann
gilt ee'=e, weil e' neutrales, Element von G ist, und ee'=e', weil e neutrales
Element von G ist. Also folgt e=e'.
Zu b) Sei x Element einer Halbgruppe G, und seien y,y' inverse Elemente zu x
in G. Dann sind yx und xy' neutrale Elemente von G. Mit dem Assoziativgesetz
folgt: y=y(xy')=(yx)y'=y'.
Zu c) Die Behauptung folgt mit der Gruppendefinition unmittelbar aus a),b). #

Das nach diesem Satz eindeutig bestimmte neutrale Element einer Gruppe G wird
mit 1 bei multiplikativer Schreibweise und mit 0 bei additiver Schreibweise
bezeichnet; das zu einem Element x einer Gruppe G eindeutig bestimmte inverse
Element in G wird mit x^{-1} bei multiplikativer Schreibweise und mit -x bei additiver Schreibweise bezeichnet. Die Abbildung, die jedem Element einer Gruppe
sein inverses zuordnet, nennen wir die *Invertierungsabbildung* und bezeichnen
sie gelegentlich mit μ.

Wir fassen noch einmal die Rechenregeln für das neutrale und die inversen
Elemente einer Gruppe mit diesen Bezeichnungen zusammen:

1.7 HILFSSATZ (*Rechenregeln für das neutrale und die inversen Elemente*)
Sei G eine Gruppe. Dann gilt:
a) $1 \cdot 1 = 1 = 1^{-1}$.
b) $x \cdot 1 = x = 1 \cdot x$ für alle $x \in G$.
c) $x\, x^{-1} = 1 = x^{-1}x$ für alle $x \in G$.
d) $(x^{-1})^{-1} = x$ für alle $x \in G$.
e) $(xy)^{-1} = y^{-1}x^{-1}$ für alle $x, y \in G$.

Der einfache Beweis sei dem Leser überlassen.

Diese Rechenregeln werden wir im folgenden häufig ohne besonderen Hinweis
benutzen.

In der Arithmetik wird neben der Addition auch die *Subtraktion* verwendet,
und das hat sich bei beliebigen abelschen Gruppen, die additiv geschrieben
werden, ebenfalls eingebürgert. Ist G eine additiv geschriebene Gruppe, so
definiert man:

$$x-y := x+(-y) \quad \text{für alle } x, y \in G.$$

Es ist nützlich, die Rechenregeln für die Subtraktion (die sogenannten Vor-
zeichnenregeln) aufzustellen und zu beweisen. Ebenso wird bei multiplikativer
Schreibweise analog zur Subtraktion die *Division* definiert ($x:y := \frac{x}{y} := xy^{-1}$).
Man erhält dann hierfür analog zu den Subtraktionsregeln die multiplikativen
Bruchrechenregeln.

In Hilfssatz 1.7 a) sind zwei Eigenschaften des neutralen Elementes 1 einer
Gruppe zusammengefaßt: die *Idempotenz* ($x\,x = x$) und die *Selbstinversheit*
($x^{-1} = x$). Offenbar ist das neutrale Element das einzige Element einer
Gruppe, das idempotent ist, während es in einer Gruppe durchaus mehrere
selbstinverse Elemente geben kann. Diese Elemente spielen in der Gruppentheorie bei ganz verschiedenen Fragestellungen immer wieder eine ausgezeichnete Rolle. Wir heben sie daher durch eine Definition hervor:

1.8 DEFINITION Ein Element einer Gruppe, das vom neutralen Element verschieden und selbstinvers (also zu sich selbst invers) ist, heißt *involutorisch* oder eine *Involution*.

Das folgende Kriterium für die Existenz von Involutionen in endlichen Gruppen
ist ein erstes Beispiel dafür, wie man durch kombinatorische Überlegungen
(Abzählschlüsse) strukturelle Eigenschaften endlicher Gruppen beweisen kann.
Als Vorbereitung hierfür zunächst ein kombinatorischer Hilfssatz:

> Besitzt eine endliche Menge M eine involutorische, fixpunktfreie Permutation
> σ, d.h. eine Abbildung σ von M in sich mit $(x\sigma)\sigma = x \neq x\sigma$ für alle $x \in M$, so ist
> $|M|$ gerade.

Man kann dies etwa dadurch einsehen, daß man zeigt, daß M in disjunkte Zweiermengen {x,xσ} zerfällt.

1.9 SATZ (*Kriterium für die Existenz von Involutionen*) Eine endliche Gruppe
enthält genau dann eine Involution, wenn sie gerade Ordnung hat.

Beweis. Sei G eine endliche Gruppe.
G enthalte eine Involution s. Dann ist $G \to G$, $x \mapsto xs$ wegen $ss=1 \neq s$ eine in-
volutorische, fixpunktfreie Permutation von G. Also ist $|G|$ gerade.
G enthalte keine Involution. Dann ist $G \setminus \{1\} \to G \setminus \{1\}$, $x \mapsto x^{-1}$ eine involu-
torische, fixpunktfreie Permutation von $G \setminus \{1\}$ (wegen $(x^{-1})^{-1}=x \neq x^{-1}$ für alle
$x \in G \setminus \{1\}$). Also ist $|G|-1=|G \setminus \{1\}|$ gerade, und damit $|G|$ ungerade. #

AUFGABEN

1.1 Man prüfe, ob die folgenden Verknüpfungsgebilde Gruppen, bzw. Halbgruppen
sind:
a) $(\mathbb{Z}, \square)$ mit $x \square y := x+y-1$ für alle $x,y \in \mathbb{Z}$.
b) $(\mathbb{N}, *)$ mit $x*y := xy+y$ für alle $x,y \in \mathbb{N}$.
c) $(\mathbb{Q} \setminus \{0\}, \circ)$ mit $x \circ y := x \cdot |y|$ für alle $x,y \in \mathbb{Q} \setminus \{0\}$.

1.2 Gibt es eine Verknüpfung $*$ auf $\{0,1,2\}$, so daß $(\{0,1,2\},*)$ eine Gruppe
ist und die Gleichungen $1*1=2$, $2*0=1$ erfüllt sind?

1.3 Man zeige, daß für jede Gruppe G die folgenden drei Bedingungen zueinander äquivalent sind:
(1) G ist abelsch.
(2) $(xy)^{-1}=x^{-1}y^{-1}$ für alle $x,y \in G$.
(3) $(xy)^2=x^2y^2$ für alle $x,y \in G$. (Für alle $z \in G$ sei $z^2:=zz$.)

1.4 Sei G eine Gruppe und S eine Menge von Involutionen von G mit der Eigen-
schaft: Für alle $x,y,z \in S$ ist $(xy)z \in S$.
Sei $u \in S$, und für alle $x,y \in S$ sei $x+y:=(xu)y$.
Man zeige, daß dann S bzgl. + eine abelsche Gruppe ist.

1.5 Man zeige, daß jede Gruppe einer Ordnung <6 abelsch ist.
[Hinweis: Man zeige die Kontraposition. Dazu sei G eine nicht-abelsche Gruppe.
Dann gibt es $x,y \in G$ mit $xy \neq yx$. Man betrachte die Elemente $1,x,y,xy,yx$ und kon-
struiere noch ein weiteres Element.]

1.6 Man zeige: Ein kommutatives Verknüpfungsgebilde G ist genau dann eine
Halbgruppe, wenn für alle $x,y,z \in G$ gilt: $(xy)z=(xz)y$. Ist die Voraussetzung
der Kommutativität hierbei für beide Richtungen notwendig?

1.7 Man prüfe, ob die folgenden Verknüpfungsgebilde Halbgruppen sind:

a) $(\mathbb{Z},\square)$ mit $x\square y:=(x-1)(y-1)$ für alle $x,y\in\mathbb{Z}$.

b) $(\mathbb{Q}_{>1},*)$ mit $x*y:=\dfrac{xy-1}{x+y-2}$ für alle $x,y\in\mathbb{Q}_{>1}:=\{q\,|\,q\in\mathbb{Q},\ q>1\}$.

[Hinweis: Man verwende Aufgabe 1.6 . Warum ist die in Aufgabe 1.6 genannte Bedingung leichter zu prüfen als das Assoziativgesetz?]

1.1.2 Gruppenkriterien

Das folgende Kriterium für Gruppen enthält für das neutrale und die inversen Elemente etwas sparsamere Bedingungen.

1.10 SATZ (*Kriterium für Gruppen*) Sei G eine Halbgruppe und $r\in G$. Dann gilt: G ist genau dann eine Gruppe mit dem neutralen Element r, wenn für G,r die beiden folgenden Bedingungen gelten:

   (rn) Für alle $x\in G$ gilt $xr=x$.

   (ri) Zu jedem $x\in G$ gibt es ein $y\in G$ mit $xy=r$.

Beweis. Daß eine Gruppe G mit dem neutralen Element r den beiden Bedingungen (rn) und (ri) genügt, ist klar.

Sei nun umgekehrt G eine Halbgruppe und $r\in G$, so daß für G,r die Bedingungen (rn),(ri) erfüllt sind. Zunächst gilt:

   (rk) Für alle $x,y,a\in G$ ist $xa=ya$ äquivalent zu $x=y$.

Seien nämlich $x,y,a\in G$. Daß aus $x=y$ dann $xa=ya$ folgt, ist klar.

Es gelte umgekehrt: $xa=ya$. Zu a gibt es wegen (ri) ein $b\in G$ mit $ab=r$. Also folgt mit (rn) und dem Assoziativgesetz: $x=xr=x(ab)=(xa)b=(ya)b=y(ab)=yr=y$.

Für den Nachweis, daß r neutrales Element von G ist, genügt es wegen (rn) zu zeigen, daß $rx=x$ für alle $x\in G$ gilt.

Sei also $x\in G$. Dann gibt es wegen (ri) ein $y\in G$ mit $xy=r$. Wegen (rk) und dem Assoziativgesetz sind die folgenden Gleichungen der Reihe nach äquivalent: $rx=x$; $(rx)y=xy$; $r(xy)=xy$; $rr=r$. Da die letzte Gleichung wegen (rn) wahr ist, ist es auch die erste. Also ist r neutrales Element von G.

Zu zeigen bleibt noch die Existenz der inversen Elemente.

Sei also $x\in G$. Dann gibt es wegen (ri) ein $y\in G$ mit $xy=r$. Für den Nachweis, daß y invers zu x ist, ist $yx=r$ zu zeigen. Wieder sind wegen (rk) und dem Assoziativgesetz die folgenden Gleichungen der Reihe nach äquivalent: $yx=r$; $(yx)y=ry$; $y(xy)=ry$; $yr=ry$. Da die letzte Gleichung wahr ist (r ist neutrales Element), ist es auch die erste. Also ist y invers zu x.

Damit ist gezeigt, daß G eine Gruppe mit dem neutralen Element r ist. #

Wir hatten den Gruppenbegriff aus der Gleichungsauflösung motiviert. Daher ist es naheliegend, die Fragen nach der Lösbarkeit von Gleichungen noch einmal in der Sprache der Gruppen zu stellen.

Daß in einem Verknüpfungsgebilde G *alle Gleichungen der Form* xa=b *mit* a,b∈G
lösbar sind, bedeutet, daß es zu a,b∈G stets ein x∈G mit xa=b gibt, daß
also für jedes a∈G die Abbildung G → G, x ↦ xa surjektiv ist. Entsprechend
wird die Lösbarkeit der Gleichungen ax=b mit a,b∈G definiert. Die Lösbarkeit von Gleichungen führt zu einem weiteren Kriterium für Gruppen, das in
der Literatur auch als Definition für Gruppen auftritt (siehe Aufgabe 1.9).
Daß diese Gleichungen jeweils höchstens eine Lösung haben, daß also die
Abbildungen G → G, x ↦ xa bzw. G → G, x ↦ ax injektiv sind, wird üblicherweise in Form der sogenannten *Kürzungsregeln* ausgesprochen:

Für alle x,y,a∈G gilt: Aus xa=ya folgt x=y.

(*Rechtskürzungsregel*)

Für alle x,y,a∈G gilt: Aus ax=ay folgt x=y.

(*Linkskürzungsregel*)

In einer Gruppe gelten offenbar sowohl die Lösbarkeit aller Gleichungen
xa=b, ax=b für a,b∈G, als auch die Kürzungsregeln.

Daß für endliche Verknüpfungsgebilde die Lösbarkeit aller Gleichungen xa=b
(bzw. ax=b) für a,b∈G mit der Rechtskürzungsregel (bzw. Linkskürzungsregel)
gleichwertig ist, kann man direkt an deren Verknüpfungstafeln sehen. Beides
bedeutet nämlich, daß in jeder Spalte (bzw. Zeile) jedes Element von G genau
einmal auftritt (in Wirklichkeit liegt hier ein Injektiv-Surjektiv-Schluß zugrunde). Solche Tabellen, also Verknüpfungstafeln von endlichen Verknüpfungsgebilden, in denen die Kürzungsregeln gelten, nennt man *lateinische Quadrate*.
Die Verknüpfungstafel einer endlichen Gruppe ist also stets ein lateinisches
Quadrat. (Leider kann man die Assoziativität einer Verknüpfung nicht ebenso
schnell an ihrer Verknüpfungstafel ablesen, und ausgerechnet die Assoziativität
ist meist aufwendig nachzuprüfen. Daher ist es nicht empfehlenswert, eine
Gruppe durch ihre Verknüpfungstafel anzugeben.)

Die Kürzungsregeln liefern ein Kriterium für endliche Gruppen (siehe Aufgabe
1.10).

AUFGABEN

1.8 Ist jede nicht-leere Halbgruppe G mit der Eigenschaft:

  Für jedes x∈G gibt es ein y∈G, so daß z(xy)=z für alle z∈G gilt.

eine Gruppe?

1.9 Man zeige, daß für jede nicht-leere Halbgruppe G gilt:

  G ist genau dann eine Gruppe, wenn alle Gleichungen xa=b und ax=b mit
  a,b∈G lösbar sind.

1.10 Man zeige, daß für jede endliche, nicht-leere Halbgruppe G gilt:

G ist genau dann eine Gruppe, wenn in G die Kürzungsregeln gelten.

1.1.3 Die Restegruppen

Ebenso, wie man auf einer Zahlengeraden eine Addition durch Verschiebung
mit Vektoren erklären kann (was bekanntlich zu einer Veranschaulichung der
in $\mathbb{R}$ enthaltenen additiven Gruppen führt), kann man auch auf einem Zahlen-
kreis durch Drehung um Winkel eine Addition erklären. Man gelangt so zu
Gruppen, die in der vollen Winkelgruppe enthalten sind, und insbesondere
zu den sogenannten zyklischen Gruppen.

Im folgenden werden spezielle zyklische Gruppen konstruiert, die sogenannten
Restegruppen. In Abschnitt 1.4.4 werden dann diese Gruppen unter den allgemeinen Begriff der zyklischen Gruppen eingeordnet.

1.11 DEFINITION Für jedes $m\in\mathbb{N}_0$ heißt $\mathbb{Z}_m := \{n \mid n\in\mathbb{N}_0, n < m\} = \{0,1,\ldots,m-1\}$ das
natürliche Restesystem modulo m und die durch

$$x \underset{m}{+} y := \begin{cases} x+y & \text{, falls } x+y<m \\ x+y-m & \text{, sonst} \end{cases} \qquad \text{für alle } x,y\in\mathbb{Z}_m$$

definierte Verknüpfung $\underset{m}{+}$ auf $\mathbb{Z}_m$ die *Addition modulo* m.

Die Menge $\mathbb{Z}_m$ (mit $m\in\mathbb{N}_0$) benutzen wir auch in anderen Zusammenhängen häufig
als Standardbeispiel für eine m-elementige Menge. Man beachte, daß $\mathbb{Z}_0=\emptyset$ ist.
Das Wort "Restesystem" soll daran erinnern, daß die Elemente von $\mathbb{Z}_m$, also
$0,1,\ldots,m-1$, gerade diejenigen Zahlen sind, die man bei Division von ganzen
Zahlen durch m als Reste erhalten kann.

1.12 SATZ (*Die Restegruppen modulo* m) Für jede natürliche Zahl m ist $\mathbb{Z}_m$ mit
der Verknüpfung $\underset{m}{+}$ eine abelsche Gruppe der Ordnung m mit dem neutralen Element
0, in der zu jedem Element $x\neq 0$ das Element m-x invers ist.

Beweis. Sei $m\in\mathbb{N}$. Offenbar ist $|\mathbb{Z}_m|=m$. Nach der Definition der Verknüpfung $\underset{m}{+}$
sind die folgenden Aussagen unmittelbar einleuchtend: $\underset{m}{+}$ ist kommutativ; 0 ist
neutrales Element von $\mathbb{Z}_m$; zu $x\in\mathbb{Z}_m$ mit $x\neq 0$ ist m-x invers in $\mathbb{Z}_m$; 0 ist zu
sich selbst invers in $\mathbb{Z}_m$. Also bleibt nur noch das Assoziativgesetz zu zeigen.
Seien hierzu $x,y,z\in\mathbb{Z}_m$. Nach Definition von $\underset{m}{+}$ gibt es $i,j\in\{0,1\}$ mit
$(x\underset{m}{+}y)\underset{m}{+}z=(x\underset{m}{+}y)+z-im=(x+y-jm)+z-im$. Also gibt es ein $k\in\mathbb{Z}$ (nämlich $k:=i+j$)
mit $a:=(x\underset{m}{+}y)\underset{m}{+}z=(x+y+z)-km$. Ebenso folgt, daß es ein $l\in\mathbb{Z}$ gibt mit $b:=x\underset{m}{+}(y\underset{m}{+}z)=$
$=(x+y+z)-lm$. Zu zeigen ist a=b. Es gilt $a-b=((x+y+z)-km)-((x+y+z)-lm)=lm-km=$
$=(l-k)m$. Andererseits sind $a,b\in\mathbb{Z}_m$, also $0\leq a,b<m$ und daher $-m<a-b<m$. Hieraus

folgt $-m < (1-k)m < m$. Division durch m liefert $-1 < 1-k < 1$. Wegen $1-k \in \mathbb{Z}$ folgt hieraus $1-k=0$, d.h. $a-b=(1-k)m=0$. Also ist $(x \underset{m}{+} y) \underset{m}{+} z = a = b = x \underset{m}{+} (y \underset{m}{+} z)$, womit das Assoziativgesetz gezeigt ist. #

Für jede natürliche Zahl m heißt $\mathbb{Z}_m$ (mit der Verknüpfung $\underset{m}{+}$) die *Reste-gruppe modulo* m.

Oft ist es einem nicht bewußt, wenn man "modulo" rechnet. Diese Rechnungs-art tritt im elementaren Bereich nämlich häufig auf, wie die folgenden Bei-spiele zeigen.

Beispiel 1: Das Rechnen mit Uhrzeiten und Stunden, das modulo 12 oder modulo 24 funktioniert.

Beispiel 2: Das Rechnen mit Winkeln in Grad-Einheiten, das ein Rechnen modulo 360 ist.

Beispiel 3: Das Rechnen mit Pfennigbeträgen unter Nicht-Beachtung der Markbe-träge. Es ist ein Rechnen modulo 100.

Beispiel 4: Das hinter Beispiel 3 stehende Prinzip ist das Rechnen im Dezimal-system, oder allgemeiner in einem System auf einer beliebigen Basis b. Beachtet man dabei nur die letzten k Stellen, so handelt es sich um ein Rechnen modulo b^k.

Beispiel 5: In den Beispielen 1,2 und 3 handelt es sich um ein Rechnen mit Maß-einheiten in verschiedenen Dimensionen. Grundsätzlich enthält ein solches Sach-rechnen mit Maßeinheiten auch eine Art des Modulo-Rechnens (z.B. bei m, km modulo 1000, bei sec, min modulo 60 etc.)

Beispiel 6: Eine strukturelle Zusammenfassung all dieser Beispiele liegt in gewissem Sinne im Rechnen mit gemischten Brüchen. Dies ist ein Rechnen in $\mathbb{Q}$ modulo 1 (siehe Aufgabe 1.11).

Beispiel 7: Weitet man Beispiel 6 auf alle reellen Zahlen aus, so erhält man das Rechnen in $\mathbb{R}$ modulo 1 (oder auch bezüglich einer beliebigen reellen Zahl r als Modul). Die Gruppe, die man dabei erhält, ist die volle Gruppe aller Winkel (wenn man modulo 2π oder modulo 360 rechnet). Diese Tatsache ist jedoch ein relativ tiefliegendes Ergebnis der klassischen Geometrie; man spricht hier von der Rektifizierung des Kreises.

AUFGABEN

1.11 Sei $\mathbb{Q}_1 := \{x \mid x \in \mathbb{Q},\ 0 \leq x < 1\}$. Für alle $x, y \in \mathbb{Q}$ sei

$$x \underset{1}{+} y := \begin{cases} x+y & , \text{ falls } x+y < 1 \\ x+y-1, & \text{ sonst} \end{cases}$$

Man zeige, daß $\mathbb{Q}_1$ mit der Verknüpfung $\underset{1}{+}$ eine abelsche Gruppe ist.

1.12 Man bestimme für jedes $m \in \mathbb{N}$ die Involutionen in $\mathbb{Z}_m$.

1.13 Sei G eine additiv geschriebene abelsche Gruppe. Unter einer *Differenzen-menge von* G versteht man eine Teilmenge D von G mit der Eigenschaft:

   Zu jedem $x \in G \setminus \{0\}$ gibt es genau ein Paar $(d,e) \in D \times D$ mit x=d-e.

a) Man zeige: Ist G eine endliche, abelsche Gruppe und D eine Differenzen-menge von G, so ist $|D|^2 - |D| + 1 = |G|$.

b) Man untersuche, für welche $m \in \mathbb{N}$ mit $m \leq 20$ die Gruppe $\mathbb{Z}_m$ eine Differenzen-menge besitzt.

1.2 Isomorphie

1.2.1 Isomorphismen und Homomorphismen

Die Isomorphie mathematischer Strukturen bedeutet soviel wie "Struktur-gleichheit". Wenn man z.B. die Elemente einer Gruppe umbenennt und die Ver-knüpfung entsprechend anpaßt, so erhält man eine Gruppe gleicher Struktur, eine, wie man sagt, zur ursprünglichen Gruppe isomorphe Gruppe. Da es nur auf die strukturellen Eigenschaften einer Gruppe ankommt und nicht auf die (zufällige) Beschaffenheit ihrer Elemente, betrachtet man Gruppen nur "bis auf Isomorphie", d.h., man sieht isomorphe Gruppe als nicht wesentlich ver-schieden an.

1.13 DEFINITION Seien G,H Verknüpfungsgebilde. Eine bijektive Abbildung ϕ von G auf H, die dem *Isomorphiegesetz*:

   Für alle $x,y,z \in G$ ist xy=z äquivalent zu $x\phi y\phi = z\phi$

genügt, heißt ein *Isomorphismus von G auf H*.
Gibt es einen Isomorphismus von einem Verknüpfungsgebilde G auf ein Ver-knüpfungsgebilde H, so heißt G *isomorph zu* H (in Zeichen: $G \simeq H$).

Am Isomorphiegesetz sieht man, daß in isomorphen Verknüpfungsgebilden sozu-sagen nach demselben Muster gerechnet wird, d.h., daß bei einem Isomorphismus sich alle strukturellen Eigenschaften eines Verknüpfungsgebildes übertragen. Diese Tatsache werden wir häufig verwenden, ohne hierfür eigens einen Satz auszusprechen.

Die Richtung des Isomorphiegesetzes:

   Für alle $x,y,z \in G$ gilt: Aus xy = z folgt $x\phi y\phi = z\phi$

ist, wie man leicht sieht, äquivalent zu der einfacheren Aussage:

   Für alle $x,y \in G$ gilt $(xy)\phi = x\phi y\phi$.

Dies motiviert den Begriff des Homomorphismus.

1.14 DEFINITION Seien G,H Verknüpfungsgebilde. Eine Abbildung ϕ von G in H, die dem *Homomorphiegesetz*:

Für alle x,y∈G gilt $(xy)\phi = x\phi y\phi$

genügt, heißt ein *Homomorphismus von G in H*.

Ist ϕ surjektiv, so heißt ϕ ein *Homomorphismus von G auf H*.

Es gilt nun das leicht zu beweisende Kriterium:

1.15 SATZ (*Kriterium für Isomorphismen*) Die Isomorphismen sind genau die bijektiven Homomorphismen.

Wir werden im folgenden meist diese Beschreibung der Isomorphismen verwenden.

Injektive Homomorphismen werden in der Literatur auch *Monomorphismen* und surjektive Homomorphismen *Epimorphismen* genannt. Ein Homomorphismus eines Verknüpfungsgebildes G in sich heißt ein *Endomorphismus von* G, ein Isomorphismus eines Verknüpfungsgebildes G auf sich ein *Automorphismus von* G.

Auch bei Homomorphismen übertragen sich wesentliche Struktureigenschaften, jedoch nicht alle, sondern nur solche, die nicht an Verschiedenheiten geknüpft sind. Es gilt hier,wie man leicht beweist:

1.16 HILFSSATZ (*Strukturübertragung bei Homomorphismen*) Seien G,H Verknüpfungsgebilde und ϕ ein Homomorphismus von G auf H. Dann gilt:
a) Ist G kommutativ, so ist auch H kommutativ.
b) Ist G eine Halbgruppe, so ist auch H eine Halbgruppe.
c) Ist 1 neutrales Element von G, so ist 1ϕ neutrales Element von H.
d) Ist y∈G invers zu einem Element x∈G, so ist $y\phi$ invers zu $x\phi$.
e) Ist G eine Gruppe, so ist auch H eine Gruppe.

Manchmal erkennt man Gruppen als isomorph, die auf ganz verschiedene Weisen entstanden sind, deren Verknüpfungen also verschiedene intuitive Bedeutungen haben. Ein Beispiel dafür sind die additiven und multiplikativen Gruppen der Arithmetik. Es ist nämlich $\mathbb{R}$ (mit der Verknüpfung +) isomorph zu $\mathbb{R}_{>0}$ (mit der Verknüpfung ·). Ein Isomorphismus von $\mathbb{R}$ auf $\mathbb{R}_{>0}$ ist z.B. die Exponentialfunktion zur Basis 10; ihre Umkehrfunktion, die Logarithmusfunktion zur Basis 10, ist ein Isomorphismus von $\mathbb{R}_{>0}$ auf $\mathbb{R}$. Bekanntlich beruht hierauf das Rechnen mit Logarithmentafeln (oder mit dem logarithmischen Rechenschieber).

Dies zeigt, daß der Isomorphiebegriff dazu dienen kann, Analogien zu präzisieren. Ein anderes Beispiel möge dies noch einmal zeigen:
Für positive reelle Zahlen x,y gibt es verschiedene Mittelbildungen, das *arithmetische Mittel* $\frac{1}{2}(x+y)$, das *geometrische Mittel* $\sqrt{xy}$ und das *harmonische*

Mittel $\frac{2xy}{x+y}$. Alle drei Mittel treten z.B. in der bekannten Ungleichung auf:

$$\frac{2xy}{x+y} \leq \sqrt{xy} \leq \frac{1}{2}(x+y) \quad \text{für alle } x,y \in \mathbb{R}_{>0} .$$

Die Analogie zwischen dem arithmetischen und dem geometrischen Mittel ist offensichtlich: das arithmetische Mittel von x,y ist diejenige Zahl a mit a+a=x+y; das geometrische Mittel von x,y ist diejenige Zahl g mit g·g=x·y. Also geht das arithmetische Mittel in das geometrische Mittel über bei der Anwendung der Exponentialfunktion, also eines +,· - Isomorphismus. Ebenso sieht man die (auf die Mittelbildung zurückgehende) Analogie zwischen arithmetischen und geometrischen Folgen ein.

Kann man nun ebenso das harmonische Mittel analog verstehen? In der Tat gibt es eine Verknüpfung, bezüglich der das harmonische Mittel gebildet ist, nämlich die sogenannte *harmonische Verknüpfung* $\frac{1}{+}$:

$$\text{Für alle } x,y \in \mathbb{R}_{>0} \text{ sei } \quad x \frac{1}{+} y := \frac{x \cdot y}{x+y} .$$

Es gilt dann offenbar, daß das harmonische Mittel von x,y diejenige Zahl h ist mit $h \frac{1}{+} h = x \frac{1}{+} y$.

Auch die harmonische Verknüpfung ist isomorph zur Addition. Die Invertierungsabbildung $\mathbb{R}_{>0} \to \mathbb{R}_{>0}$, $x \mapsto \frac{1}{x}$ ist nämlich,wie man leicht nachrechnet, ein Isomorphismus von $(\mathbb{R}_{>0},+)$ auf $(\mathbb{R}_{>0},\frac{1}{+})$. So überträgt sich also das arithmetische Mittel bei Anwendung der Invertierungsabbildung in das harmonische Mittel. Zugleich sieht man wieder die Analogie: arithmetische Folgen - harmonische Folgen. Eine harmonische Folge ist nämlich eine solche, bei der jedes Glied das harmonische Mittel seiner Nachbarglieder ist. Aus der einfachen arithmetischen Folge 1,2,3,... erhält man also z.B. durch Invertierung die harmonische Folge $1,\frac{1}{2},\frac{1}{3},...$. Daher rührt denn auch der Name "harmonische Reihe" für die Reihe $1 + \frac{1}{2} + \frac{1}{3} + ...$.

Das Wort "harmonisch" selbst kommt aus der Musiktheorie und erinnert an den Sachverhalt, daß Tonfrequenzen und zugehörige Saitenlängen reziprok zueinander sind.

AUFGABEN

1.14 Man bestimme alle Automorphismen von $\mathbb{Z}_6$.

1.15 Gibt es einen Homomorphismus von $\mathbb{Z}_5$ auf $\mathbb{Z}_3$?

1.16 Sei σ ein involutorischer Automorphismus einer endlichen Gruppe G, bei dem außer 1 kein Element festbleibt. Man zeige: Dann ist G eine abelsche Gruppe ungerader Ordnung, und σ ist die Invertierungsabbildung von G. [Hinweis: Man zeige, daß jedes Element von G in der Form $x\sigma x^{-1}$ mit $x \in G$ darstellbar ist.]

1.17 Ist $(\mathbb{Q},+) \simeq (\mathbb{Q}_{>0},\cdot)$?

1.18 Man zeige, daß $\mathbb{Q}$ mit der durch

$$x*y := \begin{cases} \dfrac{x\cdot y}{x+y} & \text{, falls } x,y,x+y\neq 0 \\[2mm] x+y & \text{, sonst} \end{cases} \qquad \text{für alle } x,y\in\mathbb{Q}$$

definierten Verknüpfung $*$ eine Gruppe ist.

[Hinweis: Man zeige: $(\mathbb{Q},+) \simeq (\mathbb{Q},*)$.]

1.19 Sei G ein Verknüpfungsgebilde, H eine Menge und ϕ eine bijektive Abbildung von G auf H. Man zeige: Es gibt genau eine Verknüpfung auf H, so
daß ϕ ein Isomorphismus von G auf H (mit dieser Verknüpfung) ist. Diese
Verknüpfung auf H heißt die *von G mittels ϕ auf H übertragene Verknüpfung*.

1.20 Sei G eine Gruppe, und seien $a,b,c\in G$. Man zeige, daß es eine Verknüpfung $\circ$ auf G gibt, so daß $(G,\cdot) \simeq (G,\circ)$ und $a\circ b=c$ gilt.

1.2.2 Die Bestimmung von Gruppen bis auf Isomorphie

Wie man leicht beweist, gilt:

1.17 HILFSSATZ:

a) Die Identität auf einem Verknüpfungsgebilde G ist stets ein Automorphismus
   von G.
b) Die Umkehrabbildung ϕ^{-1} eines Isomorphismus ϕ von einem Verknüpfungsgebilde G auf ein Verknüpfungsgebilde H ist stets ein Isomorphismus von
   H auf G.
c) Die Hintereinanderausführung $\phi\psi$ eines Isomorphismus (Homomorphismus) ϕ von
   einem Verknüpfungsgebilde G auf (in) ein Verknüpfungsgebilde H und eines
   Isomorphismus (Homomorphismus) ψ von H auf (in) ein Verknüpfungsgebilde
   K ist stets ein Isomorphismus (Homomorphismus) von G auf (in) K.

Daraus folgt unmittelbar:

1.18 SATZ (*Die Isomorphiebeziehung*) Die Isomorphie ist eine reflexive, symmetrische und transitive Beziehung, also eine Äquivalenzbeziehung.

Hiernach zerfällt die Klasse aller Verknüpfungsgebilde in Äquivalenzklassen,
wobei eine Klasse jeweils aus zueinander isomorphen Verknüpfungsgebilden besteht. Eine solche Äquivalenzklasse wird eine *Isomorphieklasse* oder ein *Isomorphietyp* genannt. Ist ein Verknüpfungsgebilde eines Isomorphietyps endlich,
so sind offenbar alle Verknüpfungsgebilde dieses Typs endlich und haben dieselbe Ordnung.

Ist ein Verknüpfungsgebilde eines Ismorphietyps eine Gruppe, so sind alle
Verknüpfungsgebilde dieses Typs Gruppen (Hilfssatz 1.16 e)). Der einfachste
Isomorphietyp von Gruppen ist die Klasse aller Verknüpfungsgebilde der
Ordnung 1, der sogenannten *Einsgruppen*. Alle Verknüpfungsgebilde der Ordnung
1 sind nämlich, wie man leicht zeigt, isomorph zu $\mathbb{Z}_1$. Ebenso leicht ist ein-
zusehen, daß alle Gruppen der Ordnung 2 isomorph zu $\mathbb{Z}_2$ sind; jedoch sind
nicht alle Verknüpfungsgebilde der Ordnung 2 Gruppen (siehe Aufgabe 1.21).
Ein weiteres Beispiel für eine häufig vorkommende Gruppe der Ordnung 2 ist
die Menge $M_2:=\{-1,1\}$ mit der Multiplikation als Verknüpfung.

Eine Hauptaufgabe der Gruppentheorie ist die Bestimmung von Gruppen:
   Sei E eine Eigenschaft für Gruppen.
   Alle Gruppen der Eigenschaft E *(bis auf Isomorphie) zu bestimmen*, heißt
   alle Isomorphietypen von Gruppen anzugeben, die die Eigenschaft E haben.
   Hierzu sind gewisse konkrete, paarweise nicht-isomorphe Gruppen mit der
   Eigenschaft E anzugeben, und es ist zu zeigen, daß jede Gruppe mit der
   Eigenschaft E zu einer der angegebenen Gruppen isomorph ist.
(Entsprechend verfährt man bei der Bestimmung allgemeinerer Verknüpfungs-
gebilde.)

Als Beispiel hierfür bestimmen wir alle Gruppen der Ordnung 4.

1.19 DEFINITION Auf $\mathbb{Z}_2{\times}\mathbb{Z}_2$ sei die Verknüpfung + definiert durch:
$$(x,y) + (x',y') := (x\underset{2}{+}x',y\underset{2}{+}y') \quad \text{für alle } (x,y),(x',y')\in\mathbb{Z}_2{\times}\mathbb{Z}_2.$$

Wie man leicht nachrechnet, ist $\mathbb{Z}_2{\times}\mathbb{Z}_2$ mit der so definierten Verknüpfung
+ eine abelsche Gruppe der Ordnung 4, in der jedes Element selbstinvers ist
und die Summe je zweier verschiedener Elemente $\neq 0$ das dritte Element $\neq 0$ ist.
Sie heißt die *Kleinsche Vierergruppe* (nach dem Mathematiker *F.Klein*).

1.20 SATZ (*Die Gruppen der Ordnung 4*) $\mathbb{Z}_4$ und $\mathbb{Z}_2{\times}\mathbb{Z}_2$ sind bis auf Isomorphie
die einzigen Gruppen der Ordnung 4.

Beweis. $\mathbb{Z}_4$ und $\mathbb{Z}_2{\times}\mathbb{Z}_2$ sind nicht-isomorphe Gruppen der Ordnung 4, denn $\mathbb{Z}_4$
enthält nur eine Involution, während $\mathbb{Z}_2{\times}\mathbb{Z}_2$ drei Involutionen enthält. Sei
nun G eine Gruppe der Ordnung 4. Zu zeigen ist $G \simeq \mathbb{Z}_4$ oder $G \simeq \mathbb{Z}_2{\times}\mathbb{Z}_2$. Nach
dem Kriterium für die Existenz von Involutionen (Satz 1.9) gibt es eine In-
volution s in G. Es gilt also $ss=1\neq s$. Sei $a\in G\smallsetminus\{1,s\}$. Dann sind die Elemente
1,s,a,sa offenbar paarweise verschieden. Also ist G=\{1,s,a,sa\}. Ebenso folgt,
daß auch die Elemente 1,s,a,as paarweise verschieden sind. Also folgt sa=as.
Mit Hilfe des Assoziativgesetzes kann man nun leicht die folgende Verknüpfungstafel für G aufstellen:

·	1	a	s	sa
1	1	a	s	sa
a	a	aa	sa	s(aa)
s	s	sa	1	a
sa	sa	s(aa)	a	aa

Insbesondere sieht man, daß G abelsch ist (siehe Aufgabe 1.5). Wegen $a\neq1,s$ gilt $aa\neq a,sa$. Also folgt $aa=s$ oder $aa=1$. In beiden Fällen läßt sich dann obige Tafel vollständig konkretisieren. Man sieht dann leicht, daß im Falle $aa=s$ die Abbildung $\phi:\mathbb{Z}_4 \to G$ mit $0\phi:=1$, $1\phi:=a$, $2\phi:=s$, $3\phi:=sa$ ein Isomorphismus von $\mathbb{Z}_4$ auf G ist, und im Falle $aa=1$ eine beliebige bijektive Abbildung $\phi:\mathbb{Z}_2\times\mathbb{Z}_2 \to G$ mit $(0,0)\phi=1$ ein Isomorphismus von $\mathbb{Z}_2\times\mathbb{Z}_2$ auf G ist. #

AUFGABEN

1.21 Man bestimme alle Halbgruppen der Ordnung 2.

1.22 Man bestimme alle Gruppen einer Ordnung <6.

1.3 Konstruktionen von Gruppen aus Gruppen

1.3.1 Untergruppen

1.21 DEFINITION Sei G eine Gruppe. Eine Gruppe U mit $U \subseteq G$, deren Verknüpfung die Einschränkung der Verknüpfung von G auf U×U ist, heißt eine *Untergruppe von G*.

Jede Gruppe hat offensichtlich mindestens zwei (nicht notwendig verschiedene) Untergruppen, nämlich sie selbst und die Einsgruppe, die nur aus dem neutralen Element besteht. Diese Untergruppen heißen *trivial*. Alle von der ganzen Gruppe verschiedenen Untergruppen heißen *echt*. Die Einsgruppen sind also die einzigen Gruppen, die keine echten Untergruppen besitzen.

Nicht-triviale Beispiele für Untergruppen in der Arithmetik:
Für jedes $m\in\mathbb{Z}$ ist $(m\mathbb{Z},+)$, wobei $m\mathbb{Z}:=\{mk\,|\,k\in\mathbb{Z}\}$ sei, Untergruppe von $(\mathbb{Z},+)$. $(\mathbb{Z},+)$ ist Untergruppe von $(\mathbb{Q},+)$, und $(\mathbb{Q},+)$ ist Untergruppe von $(\mathbb{R},+)$. $(\mathbb{Q}_{>0},\cdot)$ ist Untergruppe von $(\mathbb{R}_{>0},\cdot)$, und $(\mathbb{R}_{>0},\cdot)$ ist Untergruppe von $(\mathbb{R}\setminus\{0\},\cdot)$. Hingegen ist $(\mathbb{N},+)$ keine Untergruppe von $(\mathbb{Z},+)$, $(\mathbb{Q}\setminus\{0\},\cdot)$ keine Untergruppe von $(\mathbb{R},+)$, und die Restegruppen $\mathbb{Z}_m$ mit $m\in\mathbb{N}$ sind keine Untergruppen von $(\mathbb{Z},+)$.

Viele Eigenschaften einer Gruppe übertragen sich auf deren Untergruppen. So sind z.B. trivialerweise alle Untergruppen einer abelschen Gruppe wieder

abelsch. Ebenso "übertragen" sich das neutrale und die inversen Elemente auf
Untergruppen. Da nämlich das neutrale Element einer Gruppe G das einzige
idempotente Element von G ist (siehe die Bemerkung vor Definition 1.8),
haben alle Untergruppen von G dasselbe neutrale Element; und daher ist dann
auch das inverse Element zu einem Element einer Untergruppe von G dasselbe
wie in G. Man kann damit leicht das folgende Kriterium für Untergruppen beweisen:

1.22 SATZ (*Kriterium für Untergruppen*) Sei G eine Gruppe und U eine Teilmenge von G. Dann sind die folgenden drei Bedingungen zueinander äquivalent:

    (1) U ist eine Untergruppe von G.

    (2) $1 \in U$;

        U enthält mit je zwei Elementen u,v deren Produkt uv (*Produktabge-
schlossenheit*);

        U enthält mit jedem Element u dessen inverses u^{-1} (*Inversenabge-
schlossenheit*).

    (3) $U \neq \emptyset$;

        U enthält mit je zwei Elementen u,v deren Quotient uv^{-1} (*Quotienten-
abgeschlossenheit*).

Mit diesem Kriterium folgt nun ohne weiteres:

1.23 SATZ (*Der Untergruppenverband*) Sei G eine Gruppe. Für alle Teilmengen
U,V von G gilt dann:

a) Ist V Untergruppe von G und U Untergruppe von V, so ist U Untergruppe von
   G.

b) Sind U,V Untergruppen von G, und ist $U \subseteq V$, so ist U Untergruppe von V.

c) Sind U,V Untergruppen von G, so ist auch $U \cap V$ Untergruppe von G.

Wie man leicht zeigt, gilt auch (in Verallgemeinerung von Satz 1.23 c)), daß
der Durchschnitt über ein ganzes System von Untergruppen einer Gruppe wieder
eine Untergruppe dieser Gruppe ist.

Die folgenden Bemerkungen zum sogenannten Untergruppenverband einer Gruppe
sollen nur den Anschluß an die in der Literatur üblichen Begriffsbildungen
herstellen. Wir werden jedoch den Begriff des Verbandes nicht weiter verwenden.

Die Menge $\mathfrak{C}$ aller Untergruppen einer Gruppe G bildet bezüglich der Inklusion
$\subseteq$ (als Ordnungsrelation) einen sogenannten *Verband*, d.h., bezüglich $\subseteq$
existiert zu je zwei Elementen aus $\mathfrak{C}$ deren Infimum und Supremum in $\mathfrak{C}$. Dabei
ist das *Infimum von* $U,V \in \mathfrak{C}$ das bezüglich $\subseteq$ größte Element $W \in \mathfrak{C}$ mit $W \subseteq U,V$

(also ist im vorliegenden Fall $U \cap V$ das Infimum von U,V); und das *Supremum von* U,V$\in \mathcal{C}$ ist das bezüglich $\subseteq$ kleinste Element $W \in \mathcal{C}$ mit U,V $\subseteq$ W (das Supremum von U,V ist hier nicht $U \cup V$ denn $U \cup V$ ist im allgemeinen keine Untergruppe mehr - siehe Aufgabe 1.27 - , sondern der Durchschnitt über alle T$\in \mathcal{C}$ mit U,V $\subseteq$ T).

Schließlich geben wir im folgenden Hilfssatz noch an, wie sich Untergruppen bei Homomorphismen übertragen. Sein Beweis ist ebenfalls leicht mit Hilfe des Untergruppenkriteriums zu erbringen.

1.24 HILFSSATZ (*Homomorphe Bilder und Urbilder von Untergruppen*)
Seien G,H Gruppen und ϕ ein Homomorphismus von G in H. Dann gilt:
a) Ist U eine Untergruppe von G, so ist das Bild von U bei ϕ, also die
   Menge $U\phi := \{u\phi \mid u \in U\}$, Untergruppe von H.
b) Ist V $\subseteq$ Gϕ eine Untergruppe von H, so ist das Urbild von V bei ϕ, also
   die Menge $V\phi^{-1} := \{u \mid u \in G, u\phi \in V\}$, Untergruppe von G, und es ist $(V\phi^{-1})\phi = V$.

AUFGABEN

1.23 Man zeige: Die nicht-leeren, produktabgeschlossenen Teilmengen einer endlichen Gruppe sind genau die Untergruppen dieser Gruppe.

1.24 Man gebe alle Untergruppen von $\mathbb{Z}_{12}$ an.

1.25 Man zeige, daß für jedes $m \in \mathbb{N}_0$ die Menge $m\mathbb{Z} := \{mn \mid n \in \mathbb{Z}\}$ eine Untergruppe von $\mathbb{Z}$ ist.

1.26 a) Gibt es eine nicht-triviale Untergruppe von $\mathbb{Z}$, die nur die trivialen Untergruppen besitzt?
b) Gibt es eine echte Untergruppe von $\mathbb{Z}$, die von keiner echten Untergruppe von $\mathbb{Z}$ echt umfaßt wird?

1.27 Man zeige:
a) Für beliebige Untergruppen U,V,W einer beliebigen Gruppe gilt:
     Aus U $\subseteq$ V$\cup$W   folgt U $\subseteq$ V oder U $\subseteq$ W .
b) Keine Gruppe kann die Vereinigung zweier echter Untergruppen sein.

1.3.2 Direkte Produkte

Der arithmetische Ausgangspunkt der Vektorrechnung (oder auch: Linearen Algebra) ist das Rechnen mit n-Tupeln von reellen Zahlen, also mit Elementen des $\mathbb{R}^n := \underbrace{\mathbb{R} \times \ldots \times \mathbb{R}}_{\text{n-mal}}$. Dabei hat die Struktur des $\mathbb{R}^2$ und $\mathbb{R}^3$ die bekannte geometrische Veranschaulichung als Ebene bzw. Raum. Die sehr einfache Idee des simultanen Rechnens mit mehreren Zahlen (oder allgemeineren Objekten) in Form von Tupeln wird durch das Konzept des direkten Produktes präzisiert.

1.25 DEFINITION Seien G,H Verknüpfungsgebilde. Dann heißt G×H mit der durch

$$(g,h) \cdot (g',h') := (gg',hh') \quad \text{für alle } (g,h),(g',h') \in G×H$$

definierten Verknüpfung ·, der sogenannten *komponentenweisen Verknüpfung*, das *direkte Produkt von* G,H, und G,H heißen seine *Faktoren*.

Wir haben bereits in Abschnitt 1.2.2 ein konkretes direktes Produkt eingeführt, nämlich die Kleinsche Vierergruppe $\mathbb{Z}_2×\mathbb{Z}_2$ (Definition 1.19).

Für endliche Verknüpfungsgebilde G,H ist G×H wieder endlich und hat die Ordnung $|G×H|=|G| \cdot |H|$.

Wichtige strukturelle Eigenschaften übertragen sich von Verknüpfungsgebilden auf deren direktes Produkt. Es gilt hier, wie man leicht zeigt:

1.26 HILFSSATZ (*Eigenschaftsvererbung auf direkte Produkte*) Seien G,H Verknüpfungsgebilde. Dann gilt für ihr direktes Produkt G×H:

a) Sind G,H kommutativ, so ist auch G×H kommutativ.

b) Sind G,H Halbgruppen, so ist auch G×H eine Halbgruppe.

c) Ist 1_G neutrales Element von G und 1_H neutrales Element von H, so ist $(1_G,1_H)$ neutrales Element von G×H.

d) Ist $x' \in G$ invers zu einem Element $x \in G$ und $y' \in H$ invers zu einem Element $y \in H$, so ist (x',y') invers zu (x,y) in G×H.

e) Sind G,H Gruppen, so ist auch G×H eine Gruppe.

Ähnlich, wie man natürliche Zahlen multiplikativ in kleinere Faktoren zerlegen kann, um sie dadurch besser zu beherrschen, kann man auch Gruppen unter Umständen in kleinere Gruppen zerlegen, indem man sie z.B. als direkte Produkte kleinerer Gruppen darstellt. Wie eine solche Zerlegung zur Bestimmung von Gruppen eingesetzt werden kann, wird im nächsten Abschnitt dargestellt.

Der nächste Hilfssatz zeigt die Stabilität der Bildung des direkten Produktes gegenüber Isomorphie.

1.27 HILFSSATZ

a) Für alle Verknüpfungsgebilde G,H,G',H' gilt:
   Ist $G \simeq G'$, $H \simeq H'$, so ist $G×H \simeq G'×H'$. (*Verträglichkeit von × und* $\simeq$)

b) Für alle Verknüpfungsgebilde G,H gilt $G×H \simeq H×G$. (*Kommutativität von* ×)

c) Für alle Verknüpfungsgebilde G,H,K gilt $(G×H)×K \simeq G×(H×K)$.
   (*Assoziativität von* ×)

Beweis. Zu a) Seien G,H,G',H' Verknüpfungsgebilde mit $G \simeq G'$, $H \simeq H'$. Dann gibt es einen Isomorphismus ϕ von G auf G' und einen Isomorphismus ψ von H auf H'. Wie man leicht nachrechnet, ist dann $G{\times}H \to G'{\times}H'$, $(x,y) \mapsto (x\phi,y\psi)$ ein Isomorphismus von $G{\times}H$ auf $G'{\times}H'$.

Zu b), c) Seien G,H,K Verknüpfungsgebilde. Wie man leicht nachrechnet, ist $(x,y) \mapsto (y,x)$ ein Isomorphismus von $G{\times}H$ auf $H{\times}G$ und $((x,y),z) \mapsto (x,(y,z))$ ein Isomorphismus von $(G{\times}H){\times}K$ auf $G{\times}(H{\times}K)$. #

Bei Bildung von direkten Produkten mit mehreren Faktoren verwenden wir die folgende Konvention zur Klammerersparnis:

Sei n eine natürliche Zahl, und seien $G_1,\ldots,G_n$ Verknüpfungsgebilde. Dann sei $G_1{\times}\ldots{\times}G_n := (\ldots((G_1{\times}G_2){\times}G_3)\ldots){\times}G_n$ (linksgeklammert).

Nach Hilfssatz 1.27 b),c) kann man in direkten Produkten mit mehreren Faktoren bis auf Isomorphie beliebig umklammern und Faktoren vertauschen.

AUFGABEN

1.28 Man zeige, daß für jede kommutative Halbgruppe G ihre Verknüpfung ein Homomorphismus von $G{\times}G$ in G ist.

1.29 Gilt für alle Verknüpfungsgebilde G,H: Ist $G{\times}H$ eine Gruppe, so sind auch G,H Gruppen?

1.30 Man zeige, daß $\mathbb{Z}_{12}$ isomorph zu $\mathbb{Z}_3{\times}\mathbb{Z}_4$ aber nicht zu $\mathbb{Z}_2{\times}\mathbb{Z}_6$ ist.

1.31 Man zeige, daß $\mathbb{Z}$ nicht isomorph zu $\mathbb{Z}{\times}\mathbb{Z}$ ist.
[Hinweis: Man zeige zunächst, daß der Durchschnitt zweier nicht-trivialer Untergruppen von $\mathbb{Z}$ nie $\{0\}$ ist.]

1.32 Man zeige für alle Gruppen G,H,U,V: Ist U Untergruppe von G und V Untergruppe von H, so ist $U{\times}V$ Untergruppe von $G{\times}H$.
Erhält man auf diese Weise stets alle Untergruppen eines direkten Produktes zweier Gruppen?

1.33 Man zeige: Jeder Homomorphismus einer Gruppe G in eine Gruppe H ist eine Untergruppe von $G{\times}H$.
[Man beachte dazu, daß eine Abbildung eine Relation, also eine Menge von Paaren ist.]

1.3.3 Boolesche Gruppen

Die mengentheoretische Entsprechung des logischen "entweder-oder" ist die sogenannte *symmetrische Differenz* oder *Boolesche Summe* (nach dem Mathematiker *G.Boole*, dem Begründer des und-oder-Kalküls der Logik und Mengenlehre).

Die Boolesche Summe ⊎ ist definiert durch:

   $A \uplus B := (A \smallsetminus B) \cup (B \smallsetminus A) = (A \cup B) \smallsetminus (A \cap B)$ für beliebige Mengen A,B .

(Die Gleichung $(A \smallsetminus B) \cup (B \smallsetminus A) = (A \cup B) \smallsetminus (A \cap B)$ kann man sich gut an einem Venn-Diagramm veranschaulichen.) Wie man leicht zeigt, gelten die folgenden Regeln für die Boolesche Summe:

   Für alle Mengen A,B,C gilt

   a) $A \uplus B = B \uplus A$.

   b) $(A \uplus B) \uplus C = A \uplus (B \uplus C)$.

   c) $A \uplus \emptyset = A = \emptyset \uplus A$.

   d) $A \uplus A = \emptyset$.

   e) $(A \uplus B) \cap C = (A \cap C) \uplus (B \cap C)$.

Dabei ist der Beweis der Assoziativität (Regel b)) etwas aufwendiger. Mit Hilfe der Umformungen:

   $(X \cup Y) \smallsetminus Z = (X \smallsetminus Z) \cup (Y \smallsetminus Z)$

   $(X \smallsetminus Y) \smallsetminus Z = X \smallsetminus (Y \cup Z)$ $\left.\right\}$ für alle Mengen X,Y,Z

   $X \smallsetminus (Y \smallsetminus Z) = (X \smallsetminus Y) \cup (X \cap Z)$

kann man zeigen, daß $(B \uplus A) \uplus C = (B \uplus C) \uplus A$ für alle Mengen A,B,C gilt:

$(B \uplus A) \uplus C = ((B \uplus A) \smallsetminus C) \cup (C \smallsetminus (B \uplus A)) = (((B \smallsetminus A) \cup (A \smallsetminus B)) \smallsetminus C) \cup (C \smallsetminus ((B \cup A) \smallsetminus (B \cap A))) =$

$= ((B \smallsetminus A) \smallsetminus C) \cup ((A \smallsetminus B) \smallsetminus C) \cup ((C \smallsetminus (B \cup A)) \cup (C \cap B \cap A)) =$

$= (B \smallsetminus (A \cup C)) \cup (((A \smallsetminus B) \smallsetminus C) \cup ((C \smallsetminus B) \smallsetminus A) \cup (C \cap B \cap A).$

Der letzte Ausdruck geht offenbar bei Vertauschung von A und C in sich über. Also gilt $(B \uplus A) \uplus C = (B \uplus C) \uplus A$.

Mit der Kommutativität von ⊎ ergibt sich dann die Assoziativität:

   $(A \uplus B) \uplus C = (B \uplus A) \uplus C = (B \uplus C) \uplus A = A \uplus (B \uplus C)$.

(Siehe auch Aufgabe 1.6 .)

Da für alle Teilmengen A,B einer Menge M gilt: $A \uplus B \subseteq A \cup B \subseteq M$, ist die Potenzmenge $\mathfrak{P}(M)$ gegen die Boolesche Summe ⊎ abgeschlossen, und daher ist $\mathfrak{P}(M)$ mit ⊎ als Verknüpfung ein Verknüpfungsgebilde. Mit den obigen Regeln a),b),c),d) folgt dann sofort:

1.28 SATZ (*Die Potenzmengengruppe*) Für jede Menge M ist $\mathfrak{P}(M)$ mit der Verknüpfung ⊎ eine abelsche Gruppe mit dem neutralen Element $\emptyset$, in der jedes Element selbstinvers ist.

1.29 DEFINITION Für beliebige Mengen M heißen die Gruppen $\mathfrak{P}(M)$ (mit der Verknüpfung ⊎) *Potenzmengengruppen*. Speziell sei für jedes $m \in \mathbb{N}_0$ die Gruppe $\mathfrak{P}(\{0,1,\ldots,m-1\}) = \mathfrak{P}(\mathbb{Z}_m)$ mit B_m bezeichnet.

1.30 HILFSSATZ Für alle Mengen M,N gilt:

a) Ist ϕ eine bijektive Abbildung von M auf N, so ist $\bar{\phi} : \mathfrak{P}(M) \to \mathfrak{P}(N)$,
   $T \mapsto T\bar{\phi} := \{x\phi \mid x \in T\}$ ein Isomorphismus von $\mathfrak{P}(M)$ auf $\mathfrak{P}(N)$.

b) Ist $M \subseteq N$, so ist $P(M)$ eine Untergruppe von $P(N)$.

c) Ist $M \cap N = \emptyset$, so ist $P(M \cup N) \simeq P(M) \times P(N)$.

Beweis. Die Behauptungen a), b) folgen leicht aus der Definition der Potenzmengengruppen.

Zu c) Seien M, N Mengen mit $M \cap N = \emptyset$. Wie man leicht zeigt, ist die Abbildung $\phi : P(M) \times P(N) \to P(M \cup N)$, $(T, S) \mapsto T \cup S$ bijektiv. (Das Urbild eines Elementes $T \in P(M \cup N)$ bei ϕ ist $(T \cap M, T \cap N)$.) Mit der Assoziativität und Kommutativität von $\cup$ folgt das Homomorphiegesetz für ϕ. Also ist ϕ ein Isomorphismus von dem direkten Produkt $P(M) \times P(N)$ auf $P(M \cup N)$. Damit ist $P(M \cup N) \simeq P(M) \times P(N)$. #

Wir fassen nun die wichtigsten Aussagen über endliche Potenzmengengruppen zusammen:

1.31 SATZ (*Endliche Potenzmengengruppen*)

a) Für jede endliche Menge M ist $P(M) \simeq B_{|M|}$.

b) $B_0 \simeq \mathbb{Z}_1$; $B_1 \simeq \mathbb{Z}_2$.

c) Für alle $m, n \in \mathbb{N}_0$ mit $m \leq n$ ist B_m eine Untergruppe von B_n.

d) Für alle $m, n \in \mathbb{N}_0$ ist $B_{m+n} \simeq B_m \times B_n$.

e) Für alle $n \in \mathbb{N}_0$ ist $B_{n+1} \simeq B_n \times \mathbb{Z}_2$.

f) Für alle $n \in \mathbb{N}_0$ hat B_n die Ordnung 2^n.

Beweis. Zu a) Sei M eine beliebige endliche Menge. Dann gilt $|M| = |\mathbb{Z}_{|M|}|$, also nach Hilfssatz 1.30 a): $P(M) \simeq P(\mathbb{Z}_{|M|}) = B_{|M|}$.

Zu b) B_0 ist einelementig und B_1 zweielementig.

Zu c) Für $m, n \in \mathbb{N}_0$ mit $m \leq n$ gilt $\mathbb{Z}_m \subseteq \mathbb{Z}_n$, und daher ist nach Hilfssatz 1.30 b) $B_m = P(\mathbb{Z}_m)$ eine Untergruppe von $B_n = P(\mathbb{Z}_n)$.

Zu d) Seien $m, n \in \mathbb{N}_0$. Dann gilt $\mathbb{Z}_{m+n} = \mathbb{Z}_m \cup (\mathbb{Z}_{m+n} \setminus \mathbb{Z}_m)$, $\mathbb{Z}_m \cap (\mathbb{Z}_{m+n} \setminus \mathbb{Z}_m) = \emptyset$ und $|\mathbb{Z}_{m+n} \setminus \mathbb{Z}_m| = |\mathbb{Z}_{m+n}| - |\mathbb{Z}_m| = m+n-m = n$. Nach a), Hilfssatz 1.30 c) und der Verträglichkeit von $\times$ und $\simeq$ (Hilfssatz 1.27 a)) folgt: $B_{m+n} = P(\mathbb{Z}_{m+n}) =$
$= P(\mathbb{Z}_m \cup (\mathbb{Z}_{m+n} \setminus \mathbb{Z}_m)) \simeq P(\mathbb{Z}_m) \times P(\mathbb{Z}_{m+n} \setminus \mathbb{Z}_m) = B_m \times P(\mathbb{Z}_{m+n} \setminus \mathbb{Z}_m) \simeq B_m \times B_n$.

Zu e) Mit d), b) und der Verträglichkeit von $\times$ und $\simeq$ gilt für jedes $n \in \mathbb{N}_0$:
$B_{n+1} \simeq B_n \times B_1 \simeq B_n \times \mathbb{Z}_2$.

Zu f) Mit b) und e) folgt nun leicht durch Induktion die Behauptung. #

Die Aussagen a) und f) dieses Satzes zusammen enthalten insbesondere die rein mengentheoretische Aussage, daß für jede endliche Menge M gilt:
$|P(M)| = 2^{|M|}$.

Mit b) und e) und der Verträglichkeit von $\times$ und $\simeq$ folgt: $B_2 \simeq B_1 \times \mathbb{Z}_2 \simeq$
$\simeq \mathbb{Z}_2 \times \mathbb{Z}_2$, $B_3 \simeq B_2 \times \mathbb{Z}_2 \simeq \mathbb{Z}_2 \times \mathbb{Z}_2 \times \mathbb{Z}_2$, $B_4 \simeq B_3 \times \mathbb{Z}_2 \simeq \mathbb{Z}_2 \times \mathbb{Z}_2 \times \mathbb{Z}_2 \times \mathbb{Z}_2$, u.s.w. .
Man erhält also durch mehrfache Anwendung von e), daß für jedes $n \in \mathbb{N}_0$

B_n isomorph zu einem n-fachen direkten Produkt von $\mathbb{Z}_2$ ist, d.h., man kann mit den Elementen einer endlichen Potenzmengengruppe B_n praktisch so rechnen wie mit n-Tupeln von Elementen aus $\mathbb{Z}_2$. In der Tat sind die Gruppen B_n (so ähnlich wie die Gruppen $\mathbb{R}^n$) Vektorräume (siehe hierzu die Aufgaben 1.50--1.54 aus Abschnitt 1.4).

Die Potenzmengengruppen werden nun unter den allgemeinen Begriff der Booleschen Gruppe eingeordnet.

1.32 DEFINITION Eine Gruppe, in der jedes Element selbstinvers ist, in der also jedes vom neutralen Element verschiedene Element involutorisch ist, heißt *Boolesch*.

1.33 HILFSSATZ Jede Boolesche Gruppe ist abelsch.

Beweis. Sei G eine Boolesche Gruppe. Da jedes Element von G selbstinvers ist, gilt für alle $x,y \in G$: $xy=(xy)^{-1}=y^{-1}x^{-1}=yx$. #

Die Potenzmengengruppen sind nach Satz 1.28 also Boolesch.

Der folgende Satz ist ein erstes Beispiel für die Bestimmung aller Gruppen einer strukturellen Eigenschaft.

1.34 SATZ (*Bestimmung aller endlichen Booleschen Gruppen*) Die Potenzmengengruppen B_n mit $n \in \mathbb{N}_0$ sind bis auf Isomorphie alle endlichen Booleschen Gruppen.

Beweis. Für jedes $n \in \mathbb{N}_0$ ist B_n nach Satz 1.28 eine Boolesche Gruppe, und nach Satz 1.31 f) haben für verschiedene $m,n \in \mathbb{N}_0$ die Gruppen B_m,B_n verschiedene Ordnungen, sind also nicht isomorph.
Es ist nun zu zeigen, daß jede endliche Boolesche Gruppe isomorph zu einer Potenzmengengruppe ist. Dies beweisen wir durch Induktion über die Gruppenordnung. Sei also G eine (additiv geschriebene) endliche Boolesche Gruppe, und jede Boolesche Gruppe echt kleinerer Ordnung sei isomorph zu einer Potenzmengengruppe. Ist G eine Einsgruppe, so ist nach Satz 1.31 b) $G \simeq \mathbb{Z}_1 \simeq B_0$. Sei also jetzt die Ordnung von G größer als 1. Nach Hilfssatz 1.33 ist G abelsch. G besitzt mindestens eine echte Untergruppe (nämlich z.B. die Einsgruppe). Also gibt es auch eine echte Untergruppe U von G von maximaler Ordnung. Wegen $U \subsetneqq G$ gibt es ein $r \in G \setminus U$. Sei $R:=\{0,r\}$. Da G Boolesch ist, ist $r+r=0$, und daher ist R eine Untergruppe von G der Ordnung 2 (R ist produkt- und inversen-abgeschlossen). Wie man leicht mit Hilfe der Untergruppeneigenschaft von U,R und der Bedingung $U \cap R =\{0\}$ zeigt, ist die Abbildung $\phi:U \times R \to G$, $(u,x) \mapsto u+x$ ein injektiver Homomorphismus von dem direkten Produkt $U \times R$ in G. Das Bild von $U \times R$ bei ϕ ist damit nach Hilfs-

satz 1.24 a) eine zu $U \times R$ isomorphe Untergruppe von G. Diese Untergruppe von G hat also die Ordnung $|U \times R| = |U| \cdot |R| = 2|U|$, also eine echt größere Ordnung als U. Nach Wahl von U ist sie damit G selbst, d.h., es ist $G \simeq U \times R$. U ist als Untergruppe der Booleschen Gruppe G offenbar wieder Boolesch und hat eine echt kleinere Ordnung als G. Also ist U nach Induktionsvoraussetzung zu einer Potenzmengengruppe isomorph, d.h. $U \simeq B_n$ für ein $n \in \mathbb{N}_0$. Da R die Ordnung 2 hat, gilt $R \simeq \mathbb{Z}_2$, und mit Satz 1.31 e) folgt: $G \simeq U \times R \simeq B_n \times \mathbb{Z}_2 \simeq \simeq B_{n+1}$, d.h., auch G ist isomorph zu einer Potenzmengengruppe. #

Viele Struktursätze über endliche Gruppen werden ebenso wie dieser durch Induktion über die Gruppenordnung bewiesen. Dies zeigt, wie wichtig die Konstruktion von Untergruppen ist, denn dadurch wird häufig der beim Induktionsschluß erforderliche Übergang zu kleineren Gruppen ermöglicht.

AUFGABEN

1.34 Man zeige für beliebige Mengen M,N: $\mathbb{P}(M \cup N) \times \mathbb{P}(M \cap N) \simeq \mathbb{P}(M) \times \mathbb{P}(N)$.
[Hinweis: Man betrachte die disjunkten Zerlegungen $M \cup N = M \cup (N \smallsetminus M)$, $N = (N \smallsetminus M) \cup (M \cap N)$ und verwende Hilfssatz 1.30 c).]

1.35 Sei + eine Verknüpfung auf der Potenzmenge $\mathbb{P}(M)$ einer Menge M. Für + gelte das Distributivgesetz bzgl. $\cap$:
$$(A+B) \cap C = (A \cap C) + (B \cap C) \quad \text{für alle } A,B,C \in \mathbb{P}(M)$$
und die Kürzungsregeln.
Man zeige, daß dann + die Boolesche Summe $\uplus$ auf $\mathbb{P}(M)$ ist.
[Hinweis: Man zeige zunächst, daß $\emptyset$ neutrales Element von $(\mathbb{P}(M),+)$ ist und daß jedes Element von $\mathbb{P}(M)$ zu sich selbst invers in $(\mathbb{P}(M),+)$ ist. Dann beweise man, daß für alle $A,B \in \mathbb{P}(M)$ gilt:
$$(A \smallsetminus B) \cup (B \smallsetminus A) \subseteq A+B \subseteq (A \cup B) \smallsetminus (A \cap B).$$
Hierbei bedenke man, daß für Mengen X,Y stets $Y \subseteq X$ äquivalent zu $X \cap Y = Y$ ist.]

1.4 Produkte mit mehreren Faktoren

1.4.1 Die allgemeinen Rechengesetze für Produkte mit mehreren Faktoren

In der Arithmetik wird häufig mit Produkten mit mehreren Faktoren bzw. Summen mit mehreren Summanden gerechnet. Diese Art des Rechnens wird im folgenden für beliebige Verknüpfungen eingeführt. Die Schwierigkeit liegt dabei in der Definition der Produkte mit mehreren Faktoren, weil sie streng genommen rekursiv sein müßte. Da man hier jedoch auf formale Grundlagenprobleme stößt, die wegen ihres nicht-intuitiven Charakters das Verständnis erschweren, wollen wir die etwas laxe Methode mit "Pünktchen" bei der Definition verwenden.

1.35 DEFINITION Sei G ein Verknüpfungsgebilde. Für jede natürliche Zahl n und jedes n-Tupel $(x_1,\ldots,x_n)$ von Elementen aus G sei

$$x_1 x_2 \ldots x_n := \prod_{i=1}^{n} x_i := (\ldots((x_1 x_2)\ldots)x_n \quad \text{(links geklammert)}$$

$x_1 x_2 \ldots x_n$ heißt das *Produkt der Elemente* $x_1,\ldots,x_n$ oder das *Produkt über das n-Tupel* $(x_1,\ldots,x_n)$.

Gilt $x=x_1=x_2=\ldots=x_n$, so sei $x^n:=x_1 x_2 \ldots x_n$. Das Element x^n heißt die n-*te Potenz von* x oder das n-*Vielfache von* x.

Die "Pünktchenschreibweise" $x_1 x_2 \ldots x_n$ ist nun nach obiger Definition korrekt, sollte aber nur dann verwendet werden, wenn es ganz klar ist, um welches n-Tupel $(x_1,\ldots,x_n)$ es sich handelt. Diese Schreibweise hat den Vorteil (gegenüber der Schreibweise mit dem Zeichen $\prod$), daß man die Verknüpfung, auf die sich die Produktbildung bezieht, sichtbar machen kann.

Bei anderer Indizierung eines n-Tupels wird auch das Produkt über dieses n-Tupel entsprechend geschrieben. Demnach ist klar, wie z.B. (für ein $k\in\mathbb{Z}$)

$$x_{1+k} x_{2+k} \ldots x_{n+k} \quad \text{bzw.} \quad \prod_{i=1+k}^{n+k} x_i \quad \text{zu verstehen ist.}$$

Der Beweis von Rechenregeln für Produkte mit mehreren Faktoren wird nun meist durch Induktion über die Länge der Tupel geführt, wobei man für den Induktionsanfang die Startregel: $\prod_{i=1}^{1} x_i = x_1$ und für den Induktionsschluß

die Schrittregel: $\prod_{i=1}^{n+1} x_i = (\prod_{i=1}^{n} x_i)x_{n+1}$ verwendet.

Im folgenden Satz stellen wir die wichtigsten Rechenregeln zusammen und überlassen die einfachen Induktionsbeweise dem Leser.

Zur Vereinfachung führen wir noch eine Redeweise ein: Elemente x,y eines Verknüpfungsgebildes heißen *vertauschbar* (man sagt auch: sie *kommutieren*), wenn $xy=yx$ ist.

1.36 SATZ (*Rechenregeln für die Produkte mit mehreren Faktoren*)

a) (*Allgemeines Assoziativgesetz*) Sei G eine Halbgruppe, und seien m,n beliebige natürliche Zahlen und $(x_1,\ldots,x_m)$, $(y_1,\ldots,y_n)$ beliebige m- bzw. n-Tupel von Elementen aus G. Dann gilt:

$$(x_1 x_2 \ldots x_m)(y_1 y_2 \ldots y_n) = x_1 x_2 \ldots x_m y_1 y_2 \ldots y_n \;.$$

b) (*Allgemeines Kommutativgesetz*) Sei G eine Halbgruppe, n eine beliebige natürliche Zahl und $(x_1,\ldots,x_n)$ ein beliebiges n-Tupel von Elementen aus G. Die Elemente $x_1,\ldots,x_n$ seien paarweise vertauschbar. Dann gilt für jede Permutation π von $\{1,\ldots,n\}$: $x_1 x_2 \ldots x_n = x_{1\pi} x_{2\pi} \ldots x_{n\pi}$.

c) (*Allgemeines Verteilungsgesetz*) Sei G eine Halbgruppe, n eine beliebige
   natürliche Zahl, und seien $(x_1,\ldots,x_n),(y_1,\ldots,y_n)$ beliebige n-Tupel von
   Elementen aus G. Jedes der Elemente $x_1,\ldots,x_n$ sei mit jedem der Elemente
   $y_1,\ldots,y_n$ vertauschbar. Dann gilt: $(x_1 x_2 \ldots x_n)(y_1 y_2 \ldots y_n) = z_1 z_2 \ldots z_n$,
   wobei $z_i = x_i y_i$ für alle $i \in \{1,\ldots,n\}$ sei.

d) (*Allgemeines Invertierungsgesetz*) Sei G eine Gruppe, n eine beliebige
   natürliche Zahl und $(x_1,\ldots,x_n)$ ein beliebiges n-Tupel von Elementen
   aus G. Dann gilt: $(x_1 x_2 \ldots x_n)^{-1} = (x_n)^{-1}(x_{n-1})^{-1} \ldots (x_1)^{-1}$.

e) (*Allgemeines Homomorphiegesetz*) Sei G ein Verknüpfungsgebilde, n eine
   natürliche Zahl, $(x_1,\ldots,x_n)$ ein beliebiges n-Tupel von Elementen aus
   G und ϕ ein Homomorphismus von G in ein Verknüpfungsgebilde. Dann gilt:
   $(x_1 x_2 \ldots x_n)\phi = x_1\phi \; x_2\phi \; \ldots \; x_n\phi$.

Wir werden diese Rechenregeln im folgenden häufig ohne besonderen Hinweis
benutzen.

Das allgemeine Assoziativgesetz erlaubt das klammernfreie Rechnen mit
längeren Produkten. Dies bedeutet eine entscheidende Erleichterung bei
Umformungen. Das allgemeine Kommutativgesetz erlaubt die beliebige Vertauschung von Faktoren in längeren Produkten beim Rechnen in kommutativen
Halbgruppen, womit man sozusagen die freie Beweglichkeit des assoziativen
und kommutativen Rechnens gewonnen hat.

Da in einer kommutativen Halbgruppe die Produktbildung über ein n-Tupel
unabhängig von der Reihenfolge der zu verknüpfenden Elemente ist, kann
man statt der Indexmenge $\{1,\ldots,n\}$ irgendeine beliebige n-elementige
Menge verwenden. So erhält man die sogenannten Produkte über Mengen.

1.37 DEFINITION Sei G eine kommutative Halbgruppe. Für jede endliche
Menge M und jede Abbildung f von M in G sei $\prod\limits_{x \in M} f(x) = f(x_1)f(x_2)\ldots f(x_{|M|})$,
wobei $M = \{x_1,\ldots,x_{|M|}\}$ sei. $\prod\limits_{x \in M} f(x)$ heißt das *Produkt von f über* M.

Man kann nun die Rechenregeln für die Produkte über Mengen leicht aus den
Rechenregeln von Satz 1.36 ableiten. Wir wollen sie daher nicht gesondert
aufführen.

Bei dieser Produktbildung tritt häufig der Sonderfall auf, daß die betreffende Abbildung f die Identität von einer Teilmenge T einer kommutativen
Halbgruppe G ist. Das Produkt $\prod\limits_{x \in T} x$ nennt man dann auch kurz das *Produkt
über* T.

Bei einer konstanten Abbildung erhält man offenbar eine Vervielfachung, d.h. ist M eine beliebige endliche Menge, G eine kommutative Halbgruppe und $a \in G$, so ist $\prod\limits_{x \in M} a = a^{|M|}$.

Besitzt ein Verknüpfungsgebilde G ein neutrales Element 1, so ist es praktisch, das "leere" Produkt zu definieren:

$$\prod_{i=1}^{0} x_i := 1 \text{ bzw. (falls G eine kommutative Halbgruppe ist) } \prod_{x \in \emptyset} f(x) := 1.$$

Diese Konvention fügt sich dann in die angegebenen Rechenregeln natürlich ein.

Bei additiver Schreibweise der Verknüpfung ist anstelle des Produktzeichens $\prod$ das Summenzeichen $\sum$ üblich. Man spricht dann von Summen statt von Produkten, und alle sonstigen Schreibweisen werden in's Additive übertragen. Das n-Vielfache eines Elements wird dann üblicherweise mit nx bezeichnet.

Eine wichtige Anwendung der Produkte mit mehreren Faktoren ist der folgende Satz, der sogenannte kleine Satz von Fermat für abelsche Gruppen (nach dem Mathematiker *P.Fermat*, der eine entsprechende Aussage für Zahlen bewiesen hat - siehe Abschnitt 4, Satz 4.20). Ein entsprechender Satz für beliebige Gruppen wird erst in Abschnitt 3 aufgestellt (siehe Folgerung 3.8).

1.38 SATZ (*Kleiner Satz von Fermat für abelsche Gruppen*) Sei G eine endliche abelsche Gruppe. Dann gilt für alle $a \in G$: $a^{|G|} = 1$.

Beweis. Sei G eine endliche abelsche Gruppe und $a \in G$. Dann ist offenbar $G \to G$, $x \mapsto xa$ eine bijektive Abbildung, also eine Permutation von G. Daher gilt $\prod\limits_{x \in G} x = \prod\limits_{x \in G} (xa)$. Mit dem allgemeinen Verteilungsgesetz folgt:

$$\prod_{x \in G} (xa) = \prod_{x \in G} x \cdot \prod_{x \in G} a \text{ . Weiter gilt: } \prod_{x \in G} a = a^{|G|}. \text{ Also ergibt sich ins-}$$

gesamt: $\prod\limits_{x \in G} x = (\prod\limits_{x \in G} x) \, a^{|G|}$, und damit $1 = a^{|G|}$. #

In diesem Beweis wird über die Elemente einer endlichen abelschen Gruppe multipliziert. Das Element, das sich dabei ergibt, ist offensichtlich ein ausgezeichnetes Element der Gruppe. In den Aufgaben 1.40, 1.41, 1.42 wird geklärt, welches Element dieses ist.

AUFGABEN

1.36 Man berechne für jedes $n \in \mathbb{N}$: $1+2+\ldots+n$.
[Hinweis: Man fasse die Summe $(1+2+\ldots+n)+(1+2+\ldots+n)$ geeignet zusammen. Hierbei handelt es sich um einen Trick, mit dem *C.F.Gauß* als Schüler seinen Lehrer verblüfft haben soll.]

1.37 Man zeige durch Induktion, daß für jedes $n \in \mathbb{N}$ gilt:
$$(1+2+\ldots+n)^2 = 1^3+2^3+\ldots+n^3 \; .$$

1.38 Unter einer $+$-*Verknüpfungstafel der Ordnung* n *in* $\mathbb{N}$ (mit einer beliebigen natürlichen Zahl n) soll eine $n \times n$-Tabelle verstanden werden, zu der es zwei n-elementige Teilmengen $\{a_1,\ldots,a_n\},\{b_1,\ldots,b_n\}$ von $\mathbb{N}$ gibt, so daß für alle $i,j \in \{1,\ldots,n\}$ an der Stelle (i,j) der Tabelle die Zahl a_i+b_j steht. Eine solche Tabelle ist also die Verknüpfungstafel für eine sogenannte äußere Verknüpfung.

Man zeige, daß für jedes $n \in \mathbb{N}$ und jede $+$-Verknüpfungstafel der Ordnung n in $\mathbb{N}$ gilt: Wählt man irgend n Stellen der Tabelle aus, so daß in keiner Spalte und Zeile zwei dieser Stellen liegen, so ergibt die Summe über die an diesen Stellen stehenden Zahlen immer dieselbe Zahl.

1.39 Man beweise die Darstellbarkeit der natürlichen Zahlen im Dualsystem, d.h., man zeige, daß es zu jedem $n \in \mathbb{N}_0$ genau eine endliche Teilmenge T von $2^{\mathbb{N}_0}:=\{2^k \mid k \in \mathbb{N}_0\}$ gibt mit $n = \sum_{x \in T} x$.

1.40 Man zeige, daß die Menge der selbstinversen Elemente einer abelschen Gruppe stets eine Boolesche Untergruppe dieser abelsche Gruppe ist.

1.41 Man zeige, daß für jede endliche Boolesche Gruppe B mit $|B|>2$ gilt:
$$\prod_{x \in B} x = 1 \; .$$

1.42 Sei G eine endliche abelsche Gruppe und B die Menge der selbstinversen Elemente von G. Man zeige:

a) $\displaystyle\prod_{x \in G} x = \prod_{x \in B} x$.

b) $\displaystyle\prod_{x \in G} x = \begin{cases} s & , \text{ falls s die einzige Involution von G ist} \\ 1 & , \text{ sonst} \end{cases}$

1.4.2 Die Vervielfachung

Unmittelbar aus den Rechenregeln für Produkte mit mehreren Faktoren folgen die Rechenregeln für die Vervielfachung:

1.39 SATZ (*Rechenregeln für die Vervielfachung*)

a) (*Assoziativgesetz der Vervielfachung*) Sei G eine Halbgruppe. Dann gilt für alle $m,n \in \mathbb{N}$ und $x \in G$: $x^m x^n = x^{m+n}$; $(x^m)^n = x^{m \cdot n}$.

b) (*Verteilungsgesetz der Vervielfachung*) Sei G eine Halbgruppe. Dann gilt für alle $n \in \mathbb{N}$ und $x,y \in G$, wenn x,y vertauschbar sind: $x^n y^n = (xy)^n$.

b) (*Invertierungsgesetz der Vervielfachung*) Sei G eine Gruppe. Dann gilt für alle $n \in \mathbb{N}$ und $x \in G$: $(x^n)^{-1} = (x^{-1})^n$.

d) (*Homomorphiegesetz der Vervielfachung*) Sei G ein Verknüpfungsgebilde.
Dann gilt für alle $n \in \mathbb{N}$, $x \in G$ und Homomorphismen ϕ von G in ein Verknüpfungsgebilde: $(x^n)\phi = (x\phi)^n$.

Der Startregel entspricht hier die Gleichung $x^1 = x$, und der Schrittregel
die Gleichung: $x^{n+1} = x^n x$. Es empfiehlt sich, die Rechenregeln für die Vervielfachung noch einmal mit Hilfe dieser beiden Gleichungen durch Induktion zu beweisen.

Besitzt ein Verknüpfungsgebilde G ein neutrales Element 1, so kann man
analog zum "leeren" Produkt definieren: $x^0 := 1$ für jedes $x \in G$. Es gelten dann,
wie man leicht sieht, die Rechenregeln von Satz 1.39 auch für $m, n \in \mathbb{N}_0$.
Außerdem gilt $1^n = 1$ für alle $n \in \mathbb{N}_0$.

Wir erweitern nun die Vervielfachung auf ganzzahlige Exponenten:

1.40 DEFINITION Sei G eine Gruppe. Dann sei für jede natürliche Zahl
n und jedes $x \in G$: $x^{-n} := (x^n)^{-1}$.

1.41 HILFSSATZ Sei G eine Gruppe. Dann gilt für alle $m, n \in \mathbb{N}_0$ und $x \in G$:
$x^m (x^n)^{-1} = x^{m-n}$.

Beweis. Sei G eine Gruppe, und seien $m, n \in \mathbb{N}_0$ und $x \in G$.
1.Fall: $m - n \in \mathbb{N}_0$. Dann folgt mit dem Assoziativgesetz der Vervielfachung:
$x^m = x^{(m-n)+n} = x^{m-n} x^n$, also $x^m (x^n)^{-1} = x^{m-n}$.
2.Fall: $m - n \notin \mathbb{N}_0$. Dann ist $n - m \in \mathbb{N}_0$ und $-(n-m) = m-n$. Mit dem 1.Fall und
Definition 1.40 folgt: $x^m (x^n)^{-1} = (x^n (x^m)^{-1})^{-1} = (x^{n-m})^{-1} = x^{m-n}$. #

Mit diesem Hilfssatz können nun die Rechenregeln von Satz 1.39 leicht
auf ganzzahlige Exponenten ausgedehnt werden.

1.42 SATZ (*Ergänzung zu Satz 1.39*) In einer Gruppe G gelten die Rechenregeln von Satz 1.39 auch für alle $m, n \in \mathbb{Z}$.

Die Schreibweise x^{-1} für das Inverse eines Elementes x einer Gruppe ist
nun nachträglich gerechtfertigt, da x^{-1} wirklich die -1-te Potenz von x
ist.

Bei additiver Schreibweise der Verknüpfung schreibt man, wie schon erwähnt,
nx statt x^n und muß dann auch die Vervielfachungsregeln entsprechend umschreiben. Man erhält so z.B. die gewöhnlichen Multiplikationsregeln für
ganze Zahlen, denn die Multiplikation ganzer Zahlen ist die zur additiven
Gruppe $\mathbb{Z}$ gehörige Vervielfachung. Ebenso erfahren die Potenzrechenregeln
der Arithmetik (mit ganzzahligen Exponenten) in den Vervielfachungsregeln
ihre exakte Begründung.

Eine wichtige Folgerung aus dem Assoziativgesetz der Vervielfachung ist die
Vertauschbarkeit von Elementen x^m, x^n, wobei x Element einer Halbgruppe (Grup-
pe) und $m, n \in \mathbb{N}$ ($\in \mathbb{Z}$) sind; denn es gilt: $x^m x^n = x^{m+n} = x^{n+m} = x^n x^m$.

Die Bedeutung der Vervielfachung, die man als eine äußere Verknüpfung
zwischen Zahlen und Gruppenelementen auffassen kann - und dies ist ein
erstes Beispiel für eine Skalarmultiplikation, wie man sie als äußere Verknüpfung in der Vektorrechnung hat, - besteht darin, daß mit ihrer Hilfe
Beziehungen zwischen Zahlen und Gruppenelementen geschaffen werden können.
Solche Beziehungen ermöglichen die Reduktion einiger Probleme über Gruppen
auf Probleme über Zahlen (siehe hierzu insbesondere Abschnitt 4).

AUFGABEN

1.43 Man zeige, daß die folgende Verallgemeinerung des Verteilungsgesetzes
der Vervielfachung gilt:
Sei G eine Halbgruppe, seien $m, n \in \mathbb{N}$, und sei $(x_1, \ldots, x_n)$ ein n-Tupel von
paarweise vertauschbaren Elementen aus G. Dann gilt:
$(x_1 x_2 \cdots x_n)^m = x_1^{\,m} x_2^{\,m} \cdots x_n^{\,m}$.

1.44 Man zeige für jedes $n \in \mathbb{N}$ durch Induktion: Gilt für alle Elemente x,y
einer Gruppe G: $(xy)^3 = x^3 y^3$ und $(xy)^{3n-1} = x^{3n-1} y^{3n-1}$, so ist G abelsch.
[Hinweis: Man unterscheide: n gerade - n ungerade, und wende die Induktionsvoraussetzung auf eine geeignete Untergruppe von G an.]

1.45 Man zeige, daß es zu jedem Element a einer endlichen Halbgruppe eine
natürliche Zahl m gibt mit $(a^m)^2 = a^m$.

1.4.3 Erzeugnisbildung und zyklische Gruppen

Die Erzeugnisbildung ist eine ganz allgemeine Methode zur Konstruktion von
Untergruppen. Die Idee dabei ist sehr einfach: Man sucht zu einer beliebigen
Teilmenge T einer Gruppe die kleinste T umfassende Untergruppe dieser Gruppe,
d.h., man erweitert T gewissermaßen zu einer Gruppe.

1.43 DEFINITION Sei G eine Gruppe, U eine Untergruppe von G und T eine Teilmenge von G. Dann heißt U *von* T *erzeugt*, wenn U die kleinste T umfassende
Untergruppe von G ist, wenn also $T \subseteq U$ gilt und für Untergruppen V von G
aus $T \subseteq V$ stets $U \subseteq V$ folgt.

1.44 SATZ (*Existenz und Eindeutigkeit der erzeugten Untergruppe*) Sei G eine
Gruppe und T eine Teilmenge von G. Sei $T^{-1} := \{x^{-1} \mid x \in T\}$. Dann ist
$$U := \Big\{ \prod_{i=1}^{n} x_i \ \Big| \ n \in \mathbb{N}_0, (x_1, \ldots, x_n) \text{ ist ein Tupel von Elementen aus } T \cup T^{-1} \Big\}$$

die einzige von T erzeugte Untergruppe.

Beweis. Sei G eine Gruppe und $T \subseteq G$. T^{-1} und U seien wie in der Behauptung
definiert. Nach den Rechenregeln für Produkte mit mehreren Faktoren ist U
produkt- und inversen-abgeschlossen. Außerdem ist

$$1 = \prod_{i=1}^{0} x_i \in U.$$ Also ist U eine Untergruppe von G. Offenbar gilt $T \subseteq U$. Sei

nun V eine Untergruppe von G mit $T \subseteq V$. Dann gilt wegen der Inversenabgeschlossenheit von V auch $T^{-1} \subseteq V$, also $T \cup T^{-1} \subseteq V$. Die Produkte, aus denen
U besteht, werden also in V gebildet, und daher ist $U \subseteq V$. Damit ist gezeigt,
daß U von T erzeugt wird. Sei nun U' eine Untergruppe von G, die ebenfalls
von T erzeugt wird. Dann gilt $T \subseteq U'$, und da U von T erzeugt wird, folgt
$U \subseteq U'$. Umgekehrt folgt aus $T \subseteq U$, da U' von T erzeugt wird, $U' \subseteq U$. Also
ist $U = U'$. Damit ist gezeigt, daß U die einzige von T erzeugte Untergruppe
von G ist. #

Sei G eine Gruppe und T eine Teilmenge von G. Dann heißt die nach diesem
Satz eindeutig bestimmte von T erzeugte Untergruppe von G auch *das Erzeugnis von* T, und wird mit <T> bezeichnet. Für eine endliche Teilmenge
$\{a_1,\ldots,a_n\}$ einer Gruppe schreibt man statt $\langle\{a_1,\ldots,a_n\}\rangle$ auch $\langle a_1,\ldots,a_n\rangle$.
Wird eine Gruppe von einer n-elementigen Teilmenge erzeugt (für ein $n \in \mathbb{N}$),
so sagt man auch: G *wird von* n *Elementen erzeugt.*

Offenbar ist das Erzeugnis der leeren Menge in einer Gruppe die Einsgruppe
dieser Gruppe, und das Erzeugnis einer Untergruppe diese selbst.

Eigenschaften einer Teilmenge T einer Gruppe übertragen sich oft auf das
Erzeugnis von T. So folgt z.B. aus dem allgemeinen Kommutativgesetz und aus
Satz 1.44, daß <T> abelsch ist, wenn die Elemente von T paarweise ver-
tauschbar sind.

Die konkrete Darstellung der erzeugten Untergruppe in Satz 1.44 als Menge
von Produkten ist oft unhandlich. Es empfiehlt sich daher, direkt mit der
Definition der erzeugten Gruppe zu arbeiten. Diese besagt mit anderen
Worten, daß <T> der Durchschnitt aller T umfassenden Untergruppen der
betreffenden Gruppe ist.

Ein wichtiger Spezialfall der erzeugten Gruppen sind die von einem
Element erzeugten Gruppen.

Unmittelbar aus den Rechenregeln für die Vervielfachung und Satz 1.44
folgt:

1.45 SATZ (*Zyklische Untergruppen*) Sei G eine Gruppe und $a \in G$. Dann ist $\langle a \rangle = \{a^n \mid n \in \mathbb{Z}\}$, und $\langle a \rangle$ ist eine abelsche Untergruppe von G.

1.46 DEFINITION Eine von einem Element erzeugte Gruppe heißt *zyklisch*.

Unmittelbar aus Satz 1.45 folgt also, daß jede zyklische Gruppe abelsch ist.

Die Bedeutung der zyklischen Gruppen besteht hauptsächlich darin, daß sie strukturell einfach gebaute abelsche Gruppen sind, die man durch Erzeugnisbildung stets als Untergruppen gegebener Gruppen auffinden kann.

Für ein Element a einer endlichen Gruppe muß $\langle a \rangle$ endlich sein, d.h., es müssen für verschiedene $m, n \in \mathbb{Z}$ die Elemente a^m, a^n häufig übereinstimmen. Der folgende Hilfssatz klärt diese Situation.

1.47 HILFSSATZ Sei G eine Gruppe und $a \in G$. Sei $m \in \mathbb{N}$ mit $a^m = 1$. Dann gilt $\langle a \rangle = \{a^n \mid n \in \mathbb{Z}_m\} = \{a^0, a^1, \ldots, a^{m-1}\}$.

Beweis. Sei G eine Gruppe, $a \in G$ und $m \in \mathbb{N}$ mit $a^m = 1$. Nach Satz 1.45 gilt offenbar $\{a^n \mid n \in \mathbb{Z}_m\} \subseteq \{a^n \mid n \in \mathbb{Z}\} = \langle a \rangle$. Zu zeigen bleibt also $\{a^n \mid n \in \mathbb{Z}\} \subseteq \{a^n \mid n \in \mathbb{Z}_m\}$. Wegen $a^m = 1$ folgt leicht durch Induktion, daß für alle $k \in \mathbb{N}_0$ gilt: $a^k \in \{a^n \mid n \in \mathbb{Z}_m\}$. Also gilt: $\{a^k \mid k \in \mathbb{N}_0\} \subseteq \{a^n \mid n \in \mathbb{Z}_m\}$. Da die Potenzen von a mit negativen Exponenten die Inversen der Elemente a^k mit $k \in \mathbb{N}_0$ sind, genügt es also, zu zeigen, daß $\{a^n \mid n \in \mathbb{Z}_m\}$ inversen-abgeschlossen ist. Dies ist aber klar, denn zu $a^0 = 1$ ist a^0 invers, und zu a^n mit $0 < n < m$ ist a^{m-n} invers, da $a^m = 1$ ist, und es gilt $0 < m-n < m$. Also folgt $\{a^n \mid n \in \mathbb{Z}\} \subseteq \{a^n \mid n \in \mathbb{Z}_m\}$. #

Wir können nun alle zyklischen Gruppen bestimmen und damit zugleich die Restegruppen unter diesen Begriff einordnen.

1.48 SATZ (*Bestimmung aller zyklischen Gruppen*) Die Gruppe $\mathbb{Z}$ und die Restegruppen $\mathbb{Z}_m$ mit $m \in \mathbb{N}$ sind bis auf Isomorphie alle zyklischen Gruppen.

Beweis. Wie man leicht feststellt, werden die Gruppen $\mathbb{Z}$ und $\mathbb{Z}_m$ mit $m \in \mathbb{N} \setminus \{1\}$ jeweils von 1 erzeugt, sind also zyklisch. $\mathbb{Z}_1$ ist eine Einsgruppe und wird von 0 erzeugt, ist also auch zyklisch. Aus Ordnungsgründen sind die Gruppen $\mathbb{Z}_m, \mathbb{Z}_n$ mit verschiedenen m,n nicht-isomorph, und alle Restegruppen nicht isomorph zu $\mathbb{Z}$.

Sei nun G eine zyklische Gruppe. Dann gibt es ein $a \in G$ mit $\langle a \rangle = G$.
1.Fall: G ist unendlich. Dann gilt wegen Hilfssatz 1.47 $a^m \neq 1$ für alle $m \in \mathbb{N}$. Die Abbildung $\phi : \mathbb{Z} \to G$, $n \mapsto a^n$ ist wegen der Rechenregeln für die Vervielfachung ein Homomorphismus. Nach Satz 1.45 ist ϕ surjektiv. Wegen $a^m \neq 1$ für alle $m \in \mathbb{N}$ folgt leicht, daß ϕ auch injektiv ist. Also ist ϕ ein

Isomorphismus von $\mathbb{Z}$ auf G, d.h., es ist $G \simeq \mathbb{Z}$.

2.Fall: G ist endlich. Dann ist G eine endliche abelsche Gruppe, und daher gilt nach dem kleinen Satz von Fermat für abelsche Gruppen (Satz 1.38) $a^{|G|}=1$. Nach dem Hilfssatz 1.47 ist also $G=\langle a\rangle=\{a^n \mid n\in\mathbb{Z}_{|G|}\}$. Die Abbildung $\phi:\mathbb{Z}_{|G|}\to G$, $n\mapsto a^n$ ist wegen $a^{|G|}=1$, den Rechenregeln für die Vervielfachung und der Definition der Verknüpfung $\underset{|G|}{+}$ auf $\mathbb{Z}_{|G|}$ ein Homomorphismus von $\mathbb{Z}_{|G|}$ in

G. ϕ ist offenbar surjektiv und damit auch bijektiv, wegen $|\mathbb{Z}_{|G|}|=|G|$. Also ist ϕ ein Isomorphismus von $\mathbb{Z}_{|G|}$ auf G, d.h. $G \simeq \mathbb{Z}_{|G|}$. #

Das Rechnen in den Restegruppen, also das "Rechnen modulo" (und das Rechnen in $\mathbb{Z}$) beherrscht also die Struktur der zyklischen Gruppen.

Wir wollen schließlich noch den nützlichen Begriff der Elementordnung ein-führen:

1.49 DEFINITION Sei G eine Gruppe und $a\in G$. Ist $\langle a\rangle$ endlich, so heißt $o(a):=|\langle a\rangle|$ die *Ordnung von* a, und a heißt *von endlicher Ordnung*. Ist $\langle a\rangle$ unendlich, so heißt a *von unendlicher Ordnung*.

1.50 SATZ (*Die Ordnung eines Elementes*) Sei a ein Element endlicher Ordnung einer Gruppe G. Dann ist $o(a)$ die kleinste natürliche Zahl m mit $a^m=1$, und $\langle a\rangle$ besteht aus den paarweise verschiedenen Elementen $a^0, a^1, \ldots, a^{o(a)-1}$.

Beweis. Sei G eine Gruppe und $a\in G$. a sei von endlicher Ordnung. Dann ist $\langle a\rangle$ endlich und $o(a)=|\langle a\rangle|$. $\langle a\rangle$ ist eine endliche abelsche Gruppe, und daher gilt nach dem kleinen Satz von Fermat für abelsche Gruppen (Satz 1.38): $a^{o(a)}=1$. Nach dem Hilfssatz 1.47 gilt $\langle a\rangle=\{a^n \mid n\in\mathbb{Z}_{o(a)}\}=\{a^0, a^1, \ldots, a^{o(a)-1}\}$, und wegen $o(a)=|\langle a\rangle|$ sind die Elemente a^0, a^1, $\ldots$, $a^{o(a)-1}$ paarweise verschieden. Sei nun $m\in\mathbb{N}$ mit $a^m=1$. Dann gilt nach Hilfssatz 1.47: $\langle a\rangle = \{a^n \mid n\in\mathbb{Z}_m\}$, also: $o(a) = |\langle a\rangle| = |\{a^n \mid n\in\mathbb{Z}_m\}| \leq |\mathbb{Z}_m| = m$. #

AUFGABEN

1.46 Man gebe eine Gruppe an, die von drei und nicht weniger Elementen er-zeugt wird.

1.47 Sei G eine Gruppe. Man zeige:
$$\langle\{y^{-1}x^{-1}yx \mid x,y\in G\}\rangle \subseteq \langle\{x^2 \mid x\in G\}\rangle .$$
Die Untergruppe $\langle\{y^{-1}x^{-1}yx \mid x,y\in G\}\rangle$ von G wird auch die *Kommutatorgruppe von* G genannt und mit G' bezeichnet. Die Elemente $y^{-1}x^{-1}yx$ mit $x,y\in G$ heißen *Kommutatoren* (*von* G), weil für $x,y\in G$ der Kommutator $y^{-1}x^{-1}yx$ dasjenige Element ist, "um das sich xy und yx unterscheiden" ($y^{-1}x^{-1}yx = (xy)^{-1}(yx)$).

1.48 Welche Untergruppe von $\mathbb{Z}$ wird von $\{15,21,35\}$ erzeugt ?

1.49 Man zeige, daß für jedes $m \in \mathbb{N}_0$ gilt: $m\mathbb{Z} := \{mn \mid n \in \mathbb{Z}\}$ ist die von m erzeugte Untergruppe von $\mathbb{Z}$.

1.50 Sei (G,+) eine Boolesche Gruppe. Man zeige: Für alle endlichen Teilmengen T,S von G gilt: $\sum\limits_{x \in T} x + \sum\limits_{x \in S} x = \sum\limits_{x \in T \cup S} x$.

1.51 Sei (G,+) eine endliche Boolesche Gruppe. Eine Teilmenge E von G heißt *erzeugend*, wenn <E>=G gilt. Man zeige für jede Teilmenge E von G: E ist genau dann erzeugend, wenn $\sigma: \mathbb{P}(E) \to G$, $T \mapsto \sum\limits_{x \in T} x$ surjektiv ist.

1.52 Sei (G,+) eine endliche Boolesche Gruppe. Eine Teilmenge E von G heißt *linear unabhängig*, wenn für alle nicht-leeren Teilmengen T von E gilt: $\sum\limits_{x \in T} x \neq 0$. Man zeige für jede Teilmenge E von G:

E ist genau dann linear unabhängig, wenn $\sigma: \mathbb{P}(E) \to G$, $T \mapsto \sum\limits_{x \in T} x$ injektiv ist.

1.53 Sei (G,+) eine endliche Boolesche Gruppe. Eine linear unabhängige, erzeugende Teilmenge E von G heißt eine *Basis von* G. Man zeige, daß für jede Teilmenge E von G die folgenden drei Aussagen untereinander äquivalent sind:
(1) E ist minimal erzeugend, d.h., E ist erzeugend und keine echte Teilmenge von E ist erzeugend;
(2) E ist eine Basis von G;
(3) E ist maximal linear unabhängig, d.h., E ist linear unabhängig und keine E echt umfassende Teilmenge von G ist linear unabhängig.

1.54 Man zeige, daß jede endliche Boolesche Gruppe eine Basis besitzt und beweise damit unter Verwendung der Aufgaben 1.50, 1.51, 1.52 noch einmal, daß jede endliche Boolesche Gruppe isomorph zu einer Potenzmengengruppe ist.

1.55 Man zeige mit Hilfe von Aufgabe 1.27, daß jede Gruppe mit höchstens vier Untergruppen zyklisch ist.

2 PERMUTATIONSGRUPPEN (GRUPPEN UND KOMBINATORIK)

2.1 Die symmetrischen Gruppen

In Abschnitt 1 haben wir Gruppen hauptsächlich unter dem arithmetischen As-
pekt betrachtet: Sie wurden aus dem Rechnen mit Zahlen motiviert, und die
meisten der konkreten Beispiele waren Gruppen aus Zahlen oder Zahlentupeln,
also insbesondere stets abelsche Gruppen. Zugleich wurden gewisse grundlegende Phänomene des Zahlenrechnens algebraisch eingeordnet und der naive
Umgang mit ihnen auf eine sichere Grundlage gestellt.

Um nun unser Beispielmaterial auch auf nicht-abelsche Gruppen ausdehnen zu
können, womit eine reichere und zutreffendere Konkretisierung des Gruppenbegriffs geschaffen wird, führen wir in diesem Abschnitt Gruppen von Abbildungen ein und holen damit zugleich die Darstellung der eigentlichen
Wurzel des Gruppenbegriffs nach.

Daß man mit Abbildungen ähnlich wie mit Zahlen rechnen kann, ist eine der
weitreichendsten Entdeckungen der neueren Mathematik. Hierdurch wird den
beiden klassischen Gegenständen der Mathematik, den Zahlen und Figuren,
ein neuer hinzugefügt, nämlich die Operationen, und den beiden klassischen
Gebieten Arithmetik und Geometrie ein neues, nämlich die Algebra. Nach der
Präzisierung der operationalen Phänomene mit Hilfe des Abbildungsbegriffs -
hier hat die mathematische Logik und Mengenlehre Entscheidendes geleistet -
wurden dann die algebraischen Methoden in vielen Bereichen der Mathematik
beherrschend, nämlich überall dort, wo Operationen zur Beschreibung von Ge-
setzmäßigkeiten dienen; man könnte hier geradezu von einer "Algebraisierung"
der Mathematik sprechen. Am reinsten und ausgeprägtesten stellt sich diese
"algebraische Methode der Operationen" in der Gruppentheorie dar, die ja
eine zentrale Stellung innerhalb der Algebra einnimmt.

2.1.1 Der Satz von Cayley

Ist α eine Abbildung von einer Menge A in eine Menge B und β eine Abbildung
von B in eine Menge C, so versteht man unter der Hintereinanderausführung von
α und β bekanntlich diejenige Abbildung $\alpha\beta$ von A in C, die jedem Element $x\in A$
das Element $(x\alpha)\beta$ zuordnet. Wie man leicht feststellt, ist die Hintereinanderausführung von Abbildungen assoziativ, d.h., es gilt für beliebige Abbildungen
$\alpha:A \to B$, $\beta:B \to C$, $\gamma:C \to D$ $(\alpha\beta)\gamma=\alpha(\beta\gamma)$. Jedoch ist die Hintereinanderausführung
von Abbildungen offensichtlich nicht kommutativ. Beschränkt man sich auf die

Abbildungen einer Menge M in sich, so ist also die Hintereinanderausführung
eine Verknüpfung auf der Menge F(M) der Abbildungen von M in sich, und F(M)
ist mit dieser Verknüpfung eine Halbgruppe. Die Identität auf M, im folgenden
mit ι_M oder kurz mit ι bezeichnet, ist das neutrale Element dieser Halbgruppe.
Die bijektiven Abbildungen von M auf sich, die sogenannten *Permutationen von* M,
besitzen inverse Elemente in dieser Halbgruppe, denn zu einer bijektiven Ab-
bildung α von M auf sich ist ihre Umkehrabbildung α^{-1} invers, da $\alpha\alpha^{-1}=\iota=\alpha^{-1}\alpha$
gilt. Da die Hintereinanderausführung zweier Permutationen von M offenbar
wieder eine Permutation von M ist, ist die Menge S(M) der Permutationen von M
mit der Hintereinanderausführung als Verknüpfung eine Gruppe. Wir fassen also
zusammen:

2.1 DEFINITION Für jede Menge M heißt die Gruppe S(M) aller Permutationen von
M (mit der Hintereinanderausführung als Verknüpfung) die *symmetrische Gruppe*
von M.
Speziell sei für $n\in\mathbb{N}$ die Gruppe $S(\{0,1,\ldots,n-1\}) = S(\mathbb{Z}_n)$ mit S_n bezeichnet.
Ist M eine Menge und G eine Untergruppe von S(M), so heißt G eine *Permutations-*
gruppe von M.

Eine Permutation α von $\mathbb{Z}_n=\{0,1,\ldots,n-1\}$ (für ein $n\in\mathbb{N}$), also ein Element der
Gruppe S_n wird gewöhnlich in der Form

$$\alpha = \begin{pmatrix} 0 & 1 & \ldots & n-1 \\ 0\alpha & 1\alpha & \ldots & (n-1)\alpha \end{pmatrix}$$

geschrieben, so daß man also für jedes $i\in\{0,\ldots,n-1\}$ direkt das Bild von i bei
α ablesen kann. Da es hierbei nur darauf ankommt, welche Elemente untereinander
stehen, können die Spalten in dieser 2×n-Matrix noch beliebig vertauscht werden,
was gelegentlich bequem ist. So ist z.B. das Inverse der Permutation
$\alpha=\begin{pmatrix} 0 & 1 & \ldots & n-1 \\ 0\alpha & 1\alpha & \ldots & (n-1)\alpha \end{pmatrix}$ die Permuation $\alpha^{-1}=\begin{pmatrix} 0\alpha & 1\alpha & \ldots & (n-1)\alpha \\ 0 & 1 & \ldots & n-1 \end{pmatrix}$.

Die Gruppe S_1 besteht nur aus der Permutation $\begin{pmatrix} 0 \\ 0 \end{pmatrix}$, ist also isomorph zu $\mathbb{Z}_1$, und
die Gruppe S_2 besteht aus den beiden Permutationen $\begin{pmatrix} 0 & 1 \\ 0 & 1 \end{pmatrix}$, $\begin{pmatrix} 0 & 1 \\ 1 & 0 \end{pmatrix}$, ist also isomorph zu $\mathbb{Z}_2$.

Die Gruppe S_3 besteht aus den sechs Permutationen:

$$\iota=\begin{pmatrix} 0 & 1 & 2 \\ 0 & 1 & 2 \end{pmatrix}, \; \delta=\begin{pmatrix} 0 & 1 & 2 \\ 1 & 2 & 0 \end{pmatrix}, \; \varepsilon=\begin{pmatrix} 0 & 1 & 2 \\ 2 & 0 & 1 \end{pmatrix}, \; \tau=\begin{pmatrix} 0 & 1 & 2 \\ 0 & 2 & 1 \end{pmatrix}, \; \rho=\begin{pmatrix} 0 & 1 & 2 \\ 2 & 1 & 0 \end{pmatrix}, \; \sigma=\begin{pmatrix} 0 & 1 & 2 \\ 1 & 0 & 2 \end{pmatrix}.$$

Wie man leicht nachrechnet, gilt $\tau\delta=\sigma\neq\rho=\delta\tau$, d.h., S_3 ist nicht abelsch. S_3 ist
demnach eine nicht-abelsche Gruppe kleinster Ordnung, da nach Aufgabe 1.5 alle
Gruppen einer Ordnung <6 abelsch sind. Es gelten die Gleichungen: $\varepsilon=\delta^2$, $\rho=\delta\tau$,
$\sigma=\varepsilon\tau=\delta^2\tau$. Weiter sieht man leicht, daß $\{\iota,\delta,\delta^2\}$ eine Untergruppe von S_3 (der
Ordnung 3) ist und daß die Elemente $\tau,\delta\tau,\delta^2\tau$ Involutionen von S_3 sind. Mit

diesen Tatsachen beherrscht man das Rechnen in der Gruppe S_3, denn man kann nun jedes Produkt von Elementen aus S_3 auf eines der sechs Produkte ι, δ, δ^2, $\tau, \delta\tau, \delta^2\tau$ verkürzen.

Eine genauere Untersuchung der symmetrischen Gruppen geschieht in den nächsten beiden Abschnitten.

Zu Beginn der Entwicklung der Gruppentheorie faßte man Gruppen stets als Permutationsgruppen auf. Daß dies strukturell in Wirklichkeit keine Einschränkung bedeutet, zeigt der sogenannte Satz von *Cayley*, der besagt, daß jede Gruppe isomorph zu einer Permutationsgruppe ist. Die einfache Idee hierbei ist, daß jedes Element einer Gruppe auf dieser selbst eine Permutation bewirkt durch Multiplikation von rechts (von links); dies wird an der Verknüpfungstafel der Gruppe unmittelbar anschaulich, wo die Spalten (Zeilen) durch entsprechende Permutationen aus der Eingangsspalte (-zeile) entstehen.

2.2 DEFINITION Sei G eine Gruppe. Für jedes $a \in G$ heißt die Abbildung $\rho_a : G \to G$, $x \mapsto xa$ die *Rechtsschiebung von G mit* a. Die Menge der Rechtsschiebungen von G werde mit R_G bezeichnet.

Offenbar sind alle Rechtsschiebungen einer Gruppe G Permutationen von G, d.h. R_G ist eine Teilmenge von S(G).

2.3 SATZ (*Satz von Cayley*) Für jede Gruppe G ist die Abbildung, die jedem $a \in G$ die Rechtschiebung ρ_a zuordnet, ein injektiver Homomorphismus von G in die symmetrische Gruppe S(G). Jede Gruppe G ist also isomorph zu einer Permutationsgruppe von G, nämlich der Gruppe R_G ihrer Rechtsschiebungen.

Beweis. Sei G eine Gruppe. Die Abbildung $G \to S(G)$, $a \mapsto \rho_a$ ist injektiv, denn für alle $a, b \in G$ folgt aus $\rho_a = \rho_b$ insbesondere $1\rho_a = 1\rho_b$, also $a = b$, und sie ist ein Homomorphismus, denn für alle $a, b \in G$ gilt offenbar $\rho_a \rho_b = \rho_{ab}$. Das Bild von G bei diesem Homomorphismus ist R_G, und damit ist R_G eine zu G isomorphe Untergruppe von S(G) (nach Hilfssatz 1.24 a)). #

AUFGABEN

2.1 Sei A eine Menge von mindestens zwei Abbildungen einer Menge M in sich, die mit der Hintereinanderausführung eine Gruppe ist. Besteht dann A notwendig aus Permutationen von M?

2.2 Man zeige, daß in jeder Abbildungshalbgruppe F(M) die Identität auf M das einzige Element ist, das mit jedem Element aus F(M) vertauschbar ist.

2.3 Man bestimme alle Untergruppen von S_3.

2.4 Man zeige, daß $\mathbb{Z}_6$ und S_3 bis auf Isomorphie die einzigen Gruppen der Ordnung

6 sind.

2.5 Man zeige den Satz von Cayley für Halbgruppen:

Jede Halbgruppe ist isomorph zu einer Halbgruppe von Abbildungen.

[Hinweis: Ist H eine Halbgruppe, so füge man zu H noch ein weiteres Element
n hinzu und ordne jedem a∈H die Abbildung

$$\rho_a : H\cup\{n\} \to H\cup\{n\}, \quad x \mapsto \begin{cases} xa, & \text{falls } x\in H \\ a, & \text{sonst} \end{cases},$$

zu. Dann verfahre man wie beim Beweis von Satz 2.3 .]

2.1.2 Symmetrische Gruppen

Es leuchtet ein, daß die Struktur einer symmetrischen Gruppe S(M) nicht von
der speziellen Beschaffenheit der Elemente von M, sondern nur von ihrer Anzahl
abhängt. Das bedeutet, daß für gleichmächtige Mengen M,N ihre symmetrischen
Gruppen S(M),S(N) isomorph sind. Hat man nämlich eine bijektive Abbildung ϕ von
M auf N, so induziert ϕ einen Isomorphismus von S(M) auf S(N) auf die folgende

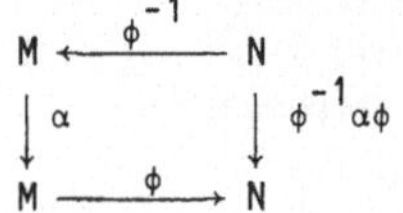

Weise: Man ordnet jeder Permutation α von M die Permutation
$\phi^{-1}\alpha\phi$ von N zu, womit man sozusagen α strukturtreu mittels
ϕ von M in N überträgt (siehe hierzu auch die Aufgabe 1.19).
Das nebenstehende Diagramm verdeutlicht dies.

2.4 DEFINITION Seien M,N Mengen und ϕ eine bijektive Abbildung von M auf N. Dann
heißt die Abbildung von S(M) in S(N), die jedem Element $\alpha\in S(M)$ das Element $\alpha^\phi :=$
$:= \phi^{-1}\alpha\phi \in S(N)$ zuordnet, die *Transformation mit* ϕ

2.5 SATZ (*Das Transformieren*)

a) Für alle Mengen L,M,N und bijektiven Abbildungen ϕ von L auf M, ψ von M auf
   N ist die Hintereinanderausführung der Transformation mit ϕ und der Transformation mit ψ die Transformation mit $\phi\psi$.

b) Für alle Mengen M,N und bijektive Abbildungen ϕ von M auf N ist die Transformation mit ϕ ein Isomorphismus von S(M) auf S(N).

Beweis. Zu a). Seien L,M,N Mengen, ϕ eine bijektive Abbildung von L auf M und
ψ eine bijektive Abbildung von M auf N. Dann folgt die Behauptung aus der leicht
zu beweisenden Rechenregel:

Für alle $\alpha\in S(M)$ gilt $(\alpha^\phi)^\psi = \alpha^{\phi\psi}$.

Zu b). Seien M,N Mengen und ϕ eine bijektive Abbildung von M auf N. Dann gilt
nach a) für alle $\alpha\in S(M)$ und $\beta\in S(N)$: $(\alpha^\phi)^{\phi^{-1}} = \alpha^{\phi\phi^{-1}} = \alpha^1 = \alpha$ und $(\beta^{\phi^{-1}})^\phi = \beta^{\phi^{-1}\phi} =$
$= \beta^1 = \beta$, woraus folgt, daß die Transformation mit ϕ eine bijektive Abbildung von
S(M) auf S(N) ist (und die Transformation mit ϕ^{-1} ihre Umkehrabbildung). Das

Homomorphiegesetz ist die leicht zu beweisende Rechenregel:

$$\text{Für alle } \alpha,\beta \in S(M) \text{ gilt } (\alpha\beta)^\phi = \alpha^\phi \beta^\phi .$$

Also ist die Transformation mit ϕ ein Isomorphismus von $S(M)$ auf $S(N)$. #

Die Idee der Transformation ist ein häufig auftretendes Motiv in der Gruppen-theorie (und in der Algebra überhaupt), denn sie liefert auf naheliegende Weise vielerlei Isomorphismen und Automorphismen. So gilt z.B. speziell für jede Menge M und jede Permutation π von M, daß die Transformation mit π ein Automorphismus von $S(M)$ ist, d.h., die Elemente der symmetrischen Gruppe $S(M)$ induzieren auf $S(M)$ selbst Automorphismen. Für eine Permutation

$$\alpha = \begin{pmatrix} 0 & 1 & \cdots & n-1 \\ 0\alpha & 1\alpha & \cdots & (n-1)\alpha \end{pmatrix} \in S_n \text{ (für ein } n \in \mathbb{N}) \text{ und eine Permutation } \pi \in S_n \text{ ist}$$

$$\alpha^\pi = \begin{pmatrix} 0\pi & \cdots & (n-1)\pi \\ 0\alpha\pi & \cdots & (n-1)\alpha\pi \end{pmatrix}, \text{ denn für jedes } i \in \mathbb{Z}_n \text{ gilt } (i\pi)\alpha^\pi = i\pi\pi^{-1}\alpha\pi = i\alpha\pi.$$

Für endliche Mengen ergibt sich nun direkt aus Satz 2.5 b):

2.6 FOLGERUNG Für jede endliche nicht-leere Menge M ist $S(M) \simeq S_{|M|}$.

Hiermit und mit dem Satz von Cayley folgt also, daß jede endliche Gruppe G isomorph zu einer Untergruppe der symmetrischen Gruppe $S_{|G|}$ ist. Dies zeigt unter anderem, wie wichtig die Analyse der symmetrischen Gruppen S_n mit $n \in \mathbb{N}$ ist.

Für eine beliebige Menge M und eine Permutationsgruppe G von M kann die Relation zwischen M und G: "$x \in M$ bleibt fest bei $\alpha \in G$ (also: $x\alpha = x$)" von Nutzen bei der Beschreibung der Struktur von G sein. Man nennt sie die *allgemeine Galois-Relation*. Je nachdem, von welcher Seite aus man die Relation betrachtet, erhält man zwei (zueinander duale) Mengenbildungen: Einerseits kann man zu einer Permutation $\alpha \in G$ die Menge aller Elemente $x \in M$ bilden, die bei α festbleiben, die Menge der sogenannten Fixelemente von α. Andererseits kann man zu einem Element $b \in M$ die Menge aller Permutationen $\alpha \in G$ bilden, die b festlassen; die Menge dieser Permutationen ist , wie man leicht sieht, eine Untergruppe von G. Wie man leicht zeigt, werden diese Mengenbildungen ebenfalls beim Transformieren entsprechend übertragen. Wir fassen also zusammen:

2.7 DEFINITION Sei G eine Permutationsgruppe einer Menge M.
a) Für jedes $\alpha \in G$ heißt Fix $\alpha := \{x \mid x \in M, x\alpha = x\}$ die *Fixmenge von* α, und die Elemente von Fix α heißen die *Fixelemente von* α.
b) Für jedes $b \in M$ heißt $G_b := \{\alpha \mid \alpha \in G, b\alpha = b\}$ die *Standuntergruppe von b in* G.

2.8 HILFSSATZ (*Transformation von Fixmengen und Standuntergruppen*) Sei G eine Permutationsgruppe einer Menge M und ϕ eine bijektive Abbildung von M auf eine Menge N. Dann ist $G^\phi := \{\alpha^\phi \mid \alpha \in G\}$ eine Permutationsgruppe von N, und es gilt:

a) Für alle $\alpha \in G$ ist Fix α^ϕ = (Fix $\alpha)\phi$:= $\{x\phi \mid x \in$ Fix $\alpha\}$.

b) Für alle $b \in M$ ist $(G_b)^\phi := \{\alpha^\phi \mid \alpha \in G_b\}$ die Standuntergruppe von $b\phi$ in G^ϕ, d.h. $(G_b)^\phi = (G^\phi)_{b\phi}$.

Durch einfache Verallgemeinerung des folgenden leicht zu beweisenden Hilfssatzes erhält man die Aussage, daß für jede Teilmenge N einer Menge M die Gruppe S(N) isomorph zu einer Untergruppe von S(M) ist.

2.9 HILFSSATZ Für jede Menge M und jedes $a \in M$ ist die Abbildung, die jede Permutation aus $S(M)_a$ ihre Einschränkung auf $M \setminus \{a\}$ zuordnet, ein Isomorphismus von $S(M)_a$ auf $S(M \setminus \{a\})$; insbesondere ist also $S(M \setminus \{a\})$ isomorph zu einer Untergruppe von S(M).

Besonders einfach zu behandeln sind solche Permutationen, die viele Fixelemente haben. Extreme Besipiele hierfür sind (nach der Identität) die sogenannten Transpositionen:

2.10 DEFINITION Eine Permutation einer Menge M, die alle Elemente von M bis auf zwei festläßt, heißt eine *Transposition von* M. Sind a,b zwei verschiedene Elemente von M, so wird die Transposition von M, die genau die Elemente von $M \setminus \{a,b\}$ festläßt (und daher a,b vertauscht) mit τ_{ab} oder τ_{ba} bezeichnet.

Offensichtlich ist jede Transposition einer Menge M eine Involution der Gruppe S(M). Transpositionen übertragen sich nach Hilfssatz 2.8 a) beim Transformieren, d.h. für jede Transposition τ_{ab} einer Menge M und jede bijektive Abbildung ϕ von M auf eine Menge N gilt: $\tau_{ab}{}^\phi = \tau_{a\phi b\phi}$.

2.11 HILFSSATZ Sei M eine Menge und $b \in M$. Dann gilt:

a) Jedes Element der Gruppe S(M) ist eindeutig als Produkt eines Elementes aus $S(M)_b$ mit einem Element aus $\{\iota\} \cup \{\tau_{bx} \mid x \in M \setminus \{b\}\}$ darstellbar.

b) Ist M endlich, so gilt $|S(M)| = |S(M)_b| \cdot |M|$.

Beweis. Sei M eine Menge, $b \in M$ und $R := \{\iota\} \cup \{\tau_{bx} \mid x \in M \setminus \{b\}\}$. Für a) ist zu zeigen, daß die Abbildung $S(M)_b \times R \rightarrow S(M)$, $(\alpha,\rho) \mapsto \alpha\rho$ bijektiv ist. b) folgt aus a).
Zur Injektivität: Seien $\alpha,\alpha' \in S(M)_b$ und $\rho,\rho' \in R$ mit $\alpha\rho = \alpha'\rho'$. Dann gilt $b\rho = b\alpha\rho =$ $= b\alpha'\rho' = b\rho'$. Ist $\rho = \iota$, so folgt $b = b\rho$ und $b = b\rho'$, also $\rho = \iota = \rho'$. Ist $\rho \neq \iota$, so folgt $b \neq b\rho$ und $b \neq b\rho'$, also $\rho = \tau_{bb\rho} = \tau_{bb\rho'} = \rho'$. In jedem Fall folgt $\rho = \rho'$, und damit auch (wegen $\alpha\rho = \alpha'\rho'$) $\alpha = \alpha'$, also $(\alpha,\rho) = (\alpha',\rho')$.
Zur Surjektivität: Sei $\pi \in S(M)$. Ist $b\pi = b$, so ist $\pi \in S(M)_b$ und daher $(\pi,\iota) \in S(M)_b \times R$ ein Urbild von π bei der betrachteten Abbildung. Ist $b\pi \neq b$, so ist $\pi\tau_{b\pi b} \in S(M)_b$ und daher $(\pi\tau_{b\pi b}, \tau_{bb\pi}) \in S(M)_b \times R$ ein Urbild von π bei der betrachteten Abbildung. #

Aus diesem Hilfssatz (Teil a)) folgt nun zusammen mit Hilfssatz 2.9 leicht durch Induktion:

2.12 SATZ Jede symmetrische Gruppe einer endlichen Menge wird von ihren Transpositionen erzeugt.

Ebenso folgt aus Hilfssatz 2.11 b), Hilfssatz 2.9 und Folgerung 2.6 durch Induktion:

2.13 SATZ Für jedes $n \in \mathbb{N}$ hat die symmetrische Gruppe S_n die Ordnung $n!:=1 \cdot 2 \cdot 3 \cdot \ldots \cdot n$.

Dieser Satz enthält insbesondere die rein mengentheoretische Aussage, daß jede n-elementige Menge (mit $n \in \mathbb{N}$) genau n! Permutationen besitzt.

AUFGABEN

2.6 Man zeige, daß für jede Permutationsgruppe G einer endlichen Menge M gilt: $\sum_{b \in M} |G_b| = \sum_{\alpha \in G} |\mathrm{Fix}\,\alpha|$.

[Hinweis: Man zähle die Galois-Relation $\{(b,\alpha)\,|\,b \in M, \alpha \in G, b\alpha = b\}$ auf zwei verschiedene Weisen ab.]

2.7 Zwei Permutationen α, β einer Menge M heißen *ziffernfremd*, wenn $\mathrm{Fix}\,\alpha \cup \mathrm{Fix}\,\beta = M$ ist. Man zeige, daß je zwei ziffernfremde Permutationen einer Menge vertauschbar sind.

2.8 Eine Permutation δ einer endlichen Menge M heißt ein *Zykel von* M, wenn $\delta \neq \iota$ ist, und es ein $a \in M$ gibt, so daß $\mathrm{Fix}\,\delta \cup \{a\delta^n \,|\, n \in \mathbb{N}\} = M$ ist. Sei nun M eine endliche Menge.

a) Man zeige, daß für jedes $\delta \in S(M)$ gilt: δ ist genau dann ein Zykel von M, wenn $\delta \neq \iota$ ist und δ nicht als Produkt zweier ziffernfremder Permutationen $\neq \iota$ darstellbar ist.

b) Man zeige, daß jedes Element von S(M) als Produkt paarweise ziffernfremder Zykeln von M darstellbar ist.

2.9 Man zeige, daß für jedes $n \in \mathbb{N}$ mit $n \geq 2$ die Gruppe S_n von den beiden Elementen τ_{01}, $\delta := \begin{pmatrix} 0 & 1 & 2 & \ldots & n-1 \\ 1 & 2 & 3 & \ldots & 0 \end{pmatrix}$ erzeugt wird.

[Hinweis: Durch Transformieren von τ_{01} mit Potenzen von δ erhält man Transpositionen $\tau_{i\,i+1}$, und durch Transformieren von solchen untereinander erhält man alle Transpositionen von S_n.]

2.1.3 Alternierende Gruppen

Man kann sich die Gruppe S_3 an einem gleichseitigen Dreieck veranschaulichen. Bezeichnet man die Ecken des Dreiecks mit 0,1,2, so wird jede Deckabbildung des Dreiecks durch eine Permutation der Ecken 0,1,2, also ein Element von S_3

dargestellt, und alle Elemente von S_3 treten dabei auf: die drei Transpositionen stellen die Spiegelungen an den Symmetrieachsen des Dreiecks dar, und die übrigen drei Elemente von S_3 die Drehungen um den Mittelpunkt des Dreiecks um 0°, 120° und 240°.

Ganz analog läßt sich die Gruppe S_4 an einem regelmäßigen Tetraeder veranschaulichen. Es müssen dann räumliche Deckabbildungen betrachtet werden.

In beiden Fällen sieht man eine gewisse Zweiteilung der Abbildungsgruppe, nämlich in solche Abbildungen, die in einer "Klappung" bestehen (sogenannte ungerade Bewegungen) und solche Abbildungen, die sich durch Bewegungen innerhalb der Ebene bzw. des Raumes realisieren lassen (sogenannte gerade Bewegungen). Man stellt fest, daß sich die erste Sorte von Abbildungen durch Produkte ungerade vieler und die zweite Sorte durch Produkte gerade vieler Transpositionen darstellen lassen. Das führt zu der Vermutung, daß eine derartige Zweiteilung in jeder endlichen symmetrischen Gruppe vorliegt. Im folgenden soll dies gezeigt werden.

2.14 DEFINITION Sei $n \in \mathbb{N}$ und Z die Menge der Zweiermenge $\{i,j\}$ mit $i,j \in \mathbb{Z}_n$. Für jedes $\alpha \in S_n$ und $z=\{i,j\} \in Z$ sei $z/\alpha := \dfrac{i\alpha - j\alpha}{i-j}$ und

$$\text{sign } \alpha := \prod_{z \in Z} z/\alpha \qquad (\text{das } \textit{Signum von } \alpha) \ .$$

2.15 HILFSSATZ Sei $n \in \mathbb{N}$. Die in Definition 2.14 eingeführte Abbildung sign ist ein Homomorphismus von S_n in die multiplikative Gruppe $\mathbb{Q} \setminus \{0\}$.

Beweis. Sei $n \in \mathbb{N}$ und Z die Menge der Zweiermengen $\{i,j\}$ mit $i,j \in \mathbb{Z}_n$. Für beliebige $\alpha \in S_n$ und $z=\{i,j\} \in Z$ sei $z\bar{\alpha}:=\{i\alpha, j\alpha\}$. Offenbar ist dann $\bar{\alpha}$, weil α eine Permutation von $\mathbb{Z}_n$ ist, eine Permutation von Z. Seien nun $\alpha, \beta \in S_n$. Für beliebige $z=\{i,j\} \in Z$ gilt:
$$z/\alpha\beta = \frac{i\alpha\beta - j\alpha\beta}{i-j} = \frac{i\alpha - j\alpha}{i-j} \cdot \frac{i\alpha\beta - j\alpha\beta}{i\alpha - j\alpha} = z/\alpha \cdot z\bar{\alpha}/\beta \ .$$
Also folgt mit den Rechenregeln für Produkte mit mehreren Faktoren:
$$\text{sign } \alpha\beta = \prod_{z \in Z} z/\alpha\beta = \prod_{z \in Z}(z/\alpha \cdot z\bar{\alpha}/\beta) = \prod_{z \in Z} z/\alpha \cdot \prod_{z \in Z} z\bar{\alpha}/\beta =$$

$$= \prod_{z \in Z} z/\alpha \cdot \prod_{z \in Z} z/\beta = \text{sign } \alpha \cdot \text{sign } \beta \ , \quad \text{womit das Homomorphiegesetz}$$

für sign eingesehen ist. #

2.16 SATZ (*Das Signum einer Permutation*) Für jedes $n \in \mathbb{N}$ ist sign ein Homomorphismus von S_n in die multiplikative Gruppe $M_2=\{1,-1\}$, bei dem jede Transposition aus S_n auf -1 abgebildet wird.

Beweis. Sei $n\in\mathbb{N}$. Nach Hilfssatz 2.15 ist sign jedenfalls ein Homomorphismus von S_n in $\mathbb{Q}\setminus\{0\}$. Da nach Satz 2.12 jede Permutation aus S_n ein Produkt von Transpositionen aus S_n ist, genügt es zu zeigen, daß -1 das Signum jeder Transposition aus S_n ist.

Seien also $k,l\in\mathbb{Z}_n$ mit $k\neq l$. Sei $Z(k):=\{z\,|\,z\in Z,\ z\cap\{k,l\}=\{k\}\}$, $Z(l):=\{z\,|\,z\in Z,\ z\cap\{k,l\}=\{l\}\}$, $Z':=\{z\,|\,z\in Z,\ z\cap\{k,l\}=\emptyset\}$. Dann ist Z offenbar die disjunkte Vereinigung der Mengen $\{\{k,l\}\}$, $Z(k)$, $Z(l)$, Z'.

Also gilt für die Transposition $\tau:=\tau_{kl}$:

$$\text{sign}\,\tau = \prod_{z\in Z} z/\tau = \{k,l\}/\tau \cdot \prod_{z\in Z(k)} z/\tau \cdot \prod_{z\in Z(l)} z/\tau \cdot \prod_{z\in Z'} z/\tau =$$

$$= \frac{l-k}{k-l} \cdot \prod_{\substack{i\neq k,l \\ i\in\mathbb{Z}_n}} \frac{i-l}{i-k} \cdot \prod_{\substack{i\neq k,l \\ i\in\mathbb{Z}_n}} \frac{i-k}{i-l} \cdot \prod_{z\in Z'} 1 = -1 \quad . \quad \#$$

2.17 DEFINITION Eine Permutation einer endlichen symmetrischen Gruppe $S(M)$ heißt *gerade*, wenn sie ein Produkt gerade vieler Transpositionen aus $S(M)$ ist, und *ungerade*, wenn sie ein Produkt ungerade vieler Transpositionen aus $S(M)$ ist. Die Menge der geraden Permutationen aus $S(M)$ sei mit $A(M)$ bezeichnet. Speziell sei für $n\in\mathbb{N}$ mit $n\geq 2$ $A(\mathbb{Z}_n)$ mit A_n bezeichnet.

Unmittelbar aus Satz 2.12 und Satz 2.16 ergibt sich nun:

2.18 FOLGERUNG Sei $n\in\mathbb{N}$. Für jede Permutation $\alpha\in S_n$ gilt: α ist gerade genau dann, wenn $\text{sign}\,\alpha = 1$, und α ist ungerade genau dann, wenn $\text{sign}\,\alpha = -1$.

Insbesondere ist jede Permutation aus S_n entweder gerade oder ungerade.

Ist M eine beliebige endliche, nicht-leere Menge und ϕ eine bijektive Abbildung von M auf $\mathbb{Z}_{|M|}$, so ist die Transformation mit ϕ nach Satz 2.5 b) ein Isomorphismus von $S(M)$ auf $S_{|M|}$, der Transpositionen in Transpositionen überführt. Also ergibt sich aus Satz 2.12 und Folgerung 2.18:

2.19 SATZ In jeder endlichen symmetrischen Gruppe ist jede Permutation entweder gerade oder ungerade.

2.20 SATZ (*Alternierende Gruppen*) Sei M eine endliche Menge mit $|M|\geq 2$. Dann ist $A(M)$ eine Untergruppe von $S(M)$ mit der Ordnung $\frac{1}{2}|S(M)|$.

Beweis. Sei M eine endliche Menge mit $|M|\geq 2$. Offenbar ist die Menge $A(M)$ der geraden Permutationen aus $S(M)$ eine Untergruppe von $S(M)$. Nach Satz 2.19 ist $S(M)\setminus A(M)$ die Menge der ungeraden Permutationen aus $S(M)$. Wegen $|M|\geq 2$ gibt es eine Transposition τ aus $S(M)$. Die Rechtsschiebung mit τ ist eine bijektive Abbildung von $S(M)$ auf sich, bei der jede gerade Permutation auf eine ungerade Permutation und jede ungerade Permutation auf eine gerade Permutation abgebildet wird, bei der also $A(M)$ auf $S(M) \smallsetminus A(M)$ abgebildet wird. Somit gilt: $|A(M)| = |S(M) \smallsetminus A(M)| = |S(M)| - |A(M)|$, d.h. $|A(M)| = \frac{1}{2}|S(M)|$. #

2.21 DEFINITION Sei M eine endliche Menge mit $|M| \geq 2$. Die Gruppe $A(M)$ aller geraden Permutationen aus $S(M)$ heißt die *alternierende Gruppe von* M.

Wieder folgt mit Satz 2.5 b):

2.22 FOLGERUNG Für jede endliche Menge M mit $|M| \geq 2$ ist $A(M) \simeq A_{|M|}$.

AUFGABEN

2.10 Sei $n \in \mathbb{N}$ und Z die Menge der Zweiermengen $\{i,j\}$ mit $i,j \in \mathbb{Z}_n$. Sei $\alpha \in S_n$ und $z = \{i,j\} \in Z$. z heißt ein *Fehlstand von* α, wenn z/α negativ ist, d.h. wenn $i\alpha - j\alpha$, $i-j$ verschiedene Vorzeichen haben.
Man zeige für eine beliebige Permutation $\alpha \in S_n$: α ist genau dann gerade, wenn die Anzahl der Fehlstände von α gerade ist.

2.11 Man zeige, daß für jede endliche Menge M mit $|M| \geq 2$ die alternierende Gruppe von M die Kommutatorgruppe von M ist. (Für den Begriff "Kommutatorgruppe" siehe Aufgabe 1.47).

2.12 a) Sei G eine endliche Gruppe und m die höchste in $|M|$ aufgehende 2-Potenz. Sei S eine zyklische Untergruppe der Ordnung m von G.
Man zeige, daß G eine Untergruppe der Ordnung $\dfrac{|G|}{m}$ besitzt.
[Hinweis: Die Rechtsschiebungen einer solchen Gruppe zerfallen in gerade und ungerade Permutationen. Ist s ein erzeugendes Element von S, so ist die Rechtsschiebung mit s eine ungerade Permutation von G. Auf diese Weise erhält man eine Untergruppe H von G mit $|H| = \frac{1}{2}|G|$. Man kann dann denselben Satz auf H anstelle von G anwenden und erhält dann sukzessive immer kleinere Untergruppen bis zu einer Untergruppe der gewünschten Ordnung.]
b) Man zeige, daß jede endliche Gruppe einer Ordnung 2n, wobei n eine ungerade Zahl sei, eine Untergruppe der Ordnung n besitzt.

2.2 Automorphismengruppen

2.2.1 Automorphismengruppen von Gruppen

Die Automorphismen einer Gruppe G sind spezielle Permutationen von G, und sie bilden nach Hilfssatz 1.17 eine Untergruppe der symmetrischen Gruppe $S(G)$.

2.23 DEFINITION Die Gruppe der Automorphismen einer Gruppe G heißt kurz die *Automorphismengruppe von* G. Sie wird mit Aut G bezeichnet.

Ist ϕ ein Isomorphismus von einer Gruppe G auf eine Gruppe H, so ist, wie man leicht sieht, die Transformation mit ϕ ein Isomorphismus von Aut G auf Aut H, d.h. isomorphe Gruppen haben auch isomorphe Automorphismengruppen.

Wie bereits nach Satz 2.5 erwähnt wurde, operieren die Elemente einer symmetrischen Gruppe S(M) auf S(M) selbst als Automorphismen durch Transformation, d.h. ist $\pi \in S(M)$, so ist $S(M) \to S(M)$, $\alpha \mapsto \alpha^\pi$ ein Automorphismus von S(M). Dies läßt sich nun ganz analog auf beliebige Gruppen übertragen.

2.24 DEFINITION Sei G eine Gruppe. Für alle $a,b \in G$ sei $a^b := b^{-1}ab$. Für jedes $a \in G$ heißt die Abbildung $\tau_a : G \to G$, $x \mapsto x^a$ die *Transformation mit* a.

(Man verwechsle das Transformationssymbol τ_a nicht mit dem Transpositionssymbol τ_{ij}.)

Wie man leicht nachrechnet, gelten für das Transformieren die folgenden Rechenregeln:

2.25 HILFSSATZ (*Rechenregeln für das Transformieren*) Sei G eine Gruppe. Dann gilt für alle $x,y,z \in G$:
a) $x^1 = x$; $(x^y)^z = x^{yz}$.
b) $1^z = 1$; $(x^{-1})^z = (x^z)^{-1}$; $(xy)^z = x^z y^z$.

2.26 SATZ (*Innere Automorphismen*) Sei G eine Gruppe. Dann ist die Abbildung, die jedem $a \in G$ die Transformation τ_a zuordnet, ein Homomorphismus von G in Aut G. Insbesondere ist also die Menge der Transformationen τ_a mit $a \in G$ eine Untergruppe von Aut G.

Beweis. Sei G eine Gruppe. Nach Hilfssatz 2.25 a) gilt $\tau_1 = \iota$ und $\tau_a \tau_b = \tau_{ab}$ für alle $a,b \in G$. Also ist für jedes $a \in G$ τ_a eine Permutation von G, denn $\tau_{a^{-1}}$ ist wegen $\tau_a \tau_{a^{-1}} = \tau_{aa^{-1}} = \tau_1 = \iota$ (und ebenso $\tau_{a^{-1}} \tau_a = \iota$) die Umkehrabbildung von τ_a. Nach Hilfssatz 2.25 b) gilt für jedes $a \in G$ das Homomorphiegesetz für τ_a. Also ist für jedes $a \in G$ τ_a ein Automorphismus von G, d.h. $a \mapsto \tau_a$ ist eine Abbildung von G in Aut G. Diese Abbildung ist ein Homomorphismus, da für alle $a,b \in G$ gilt: $\tau_a \tau_b = \tau_{ab}$. Das Bild von G bei dieser Abbildung ist $\{\tau_a \mid a \in G\}$, und daher ist diese Menge (nach Hilfssatz 1.24 a)) eine Untergruppe von Aut G. #

2.27 DEFINITION Sei G eine Gruppe. Die Transformationen mit Elementen aus G, also die Abbildungen τ_a mit $a \in G$, heißen *innere Automorphismen von* G und die Gruppe der inneren Automorphismen von G, also die Untergruppe $\{\tau_a \mid a \in G\}$ von Aut G wird mit IAut G bezeichnet.
Alle Automorphismen von G, die keine inneren sind, heißen *äußere Automorphismen.*

Für beliebige Elemente a,b einer Gruppe G gilt offenbar: $a^b = a$ genau dann,

wenn ab=ba, d.h. für ein Element b$\in$G ist Fix τ_b die Menge der mit b vertauschbaren Elemente aus G; insbesondere ist $\tau_b=\iota$, falls b mit allen Elementen aus
G vertauschbar ist. Wir wollen solche Elemente einer Gruppe durch eine Definition hervorheben.

2.28 DEFINITION Sei G eine Gruppe. Ein Element von G, das mit allen Elementen
aus G vertauschbar ist, heißt *zentral*, und die Menge C(G) der zentralen Elemente von G heißt das *Zentrum von* G.

2.29 SATZ (*Das Zentrum*) Sei G eine Gruppe. Dann ist das Zentrum von G eine
abelsche Untergruppe von G, und jedes zentrale Element in G bleibt bei
jedem inneren Automorphismus von G fest. Außerdem gilt für alle a$\in$G: a$\in$C(G)
genau dann, wenn $\tau_a=\iota$.

Eine abelsche Gruppe ist also ihr eigenes Zentrum, und die Identität ist
der einzige innere Automorphismus einer abelschen Gruppe, d.h. für eine
abelsche Gruppe bringen die Transformationen mit Gruppenelementen nichts
Neues. Im anderen Extremfall, wenn also das Zentrum einer Gruppe G nur
aus 1 besteht (wenn es, wie man sagt, *trivial* ist), ist die Abbildung,
die jedem a$\in$G die Transformation τ_a zuordnet, injektiv, d.h. es ist in diesem
Fall G isomorph zu IAut G , also zu einer Untergruppe von Aut G.

AUFGABEN

2.13 Sei G eine Gruppe. Man zeige für jede Permutation α von G: α ist genau
dann ein Automorphismus von G, wenn für jede Rechtsschiebung ρ_b mit b$\in$G
$\rho_b{}^\alpha=\rho_{b\alpha}$ gilt.

2.14 Sei G eine Gruppe. Man zeige, daß für alle b$\in$G und $\alpha\in$Aut G gilt:
$\tau_b{}^\alpha=\tau_{b\alpha}$.

2.15 Man zeige: $S_3 \simeq$ IAut S_3 = Aut S_3 .

2.16 Man zeige, daß jede endliche Boolesche Gruppe mit mehr als zwei Elementen
einen involutorischen Automorphismus besitzt.

2.17 Man bestimme alle endlichen Gruppen, die nur den identischen Automorphismus besitzen, deren Automorphismengruppe also eine Einsgruppe ist.
[Hinweis: Durch Betrachtung innerer Automorphismen zeige man zunächst, daß
eine endliche Gruppe G mit Aut G={ι} abelsch ist. Dann betrachte man den
Automorphismus μ:G $\rightarrow$ G, x $\mapsto$ x^{-1}, und wende schließlich Aufgabe 2.16 an.]

2.18 Mit ähnlichen Überlegungen wie bei Aufgabe 2.17 zeige man, daß keine
endliche Gruppe eine Automorphismengruppe der Ordnung 3 hat.

2.2.2 Automorphismengruppen von Graphen

Ebenso wie für Gruppen gibt es auch für andere Typen mathematischer Strukturen einen Isomorphiebegriff. Wir erläutern dieses am Beispiel der sogenannten Graphen.

Graphen dienen zur Beschreibung von Figuren, die aus Punkten und Verbindungslinien dieser Punkte bestehen, wobei es nicht auf die spezielle Lage der Punkte und die Gestalt der Verbindungslinien ankommt, sondern nur darauf, welche Punkte miteinander verbunden sind und welche nicht. Daher definiert man einen *Graphen* als eine Struktur (E,N), wobei E eine endliche Menge und N eine irreflexive, symmetrische Relation auf E ist. (Die hier betrachteten Graphen werden in der Literatur als *schlichte, ungerichtete Graphen* bezeichnet.) Die Elemente von E nennt man die *Ecken* des Graphen (E,N), die Relation N seine *Nachbarrelation* und die Zweiermengen $\{a,b\}$ mit $a,b \in E$ und $a\ N\ b$ seine *Kanten*. Die beiden Ecken einer Kante heißen *verbunden* oder *benachbart*. Man veranschaulicht einen Graphen durch eine Figur, deren Punkte die Ecken des Graphen darstellen und in der zwei Punkte genau dann durch eine Linie verbunden sind, wenn sie benachbarte Ecken darstellen. Die Graphen mit höchstens drei Ecken werden durch die folgenden Figuren veranschaulicht:

Unter einem *Isomorphismus* von einem Graphen (E,N) auf einen Graphen (E^*,N^*) versteht man eine bijektive Abbildung ϕ von E auf E^*, für die gilt: $x\ N\ y$ ist äquivalent zu $x\phi\ N^*\ y\phi$ für alle $x,y \in E$. Gibt es einen Isomorphismus von einem Graphen (E,N) auf einen Graphen (E^*,N^*), so heißt (E,N) *isomorph* zu (E^*,N^*). Die Isomorphismen eines Graphen auf sich selbst heißen seine *Automorphismen*. Offenbar bilden die Automorphismen eines Graphen (E,N) eine Untergruppe von $S(E)$, die sogenannte *Automorphismengruppe* von (E,N), die kurz mit $\mathrm{Aut}(E,N)$ bezeichnet sei.

Zur Veranschaulichung der Gruppen S_3 und S_4 hatten wir zu Beginn von Abschnitt 2.1.3 die Deckabbildungen eines gleichseitigen Dreiecks bzw. regelmäßigen Tetraeders betrachtet. Für eine Präzisierung müßte man den Begriff der Deckabbildung genauer definieren, was jedoch eine eingehendere geometrische Betrachtung erfordern würde. Statt dessen kann man sich in diesem Fall auf die Struktur des Ecken-Kanten-Gefüges, d.h. auf den Graphen der

Ecken und Kanten der betrachteten Figuren beschränken. Man erhält dann den
Dreiecksgraphen bzw. Tetraedergraphen:

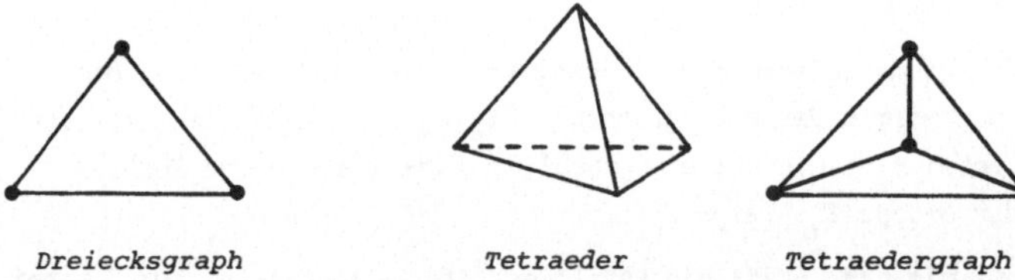

Es ist unmittelbar klar, daß die Automorphismengruppe eines Dreiecksgraphen
bzw. Tetraedergraphen mit der Eckenmenge E jeweils die volle symmetrische
Gruppe S(E) ist, da die Nachbarrelation in beiden Graphen jeweils die "Un-
gleichheit"ist, die ja bei allen Permutationen erhalten bleibt.

Ebenso kann man z.B. statt der Deckabbildungen eines Hexaeders (Würfels) die
Automorphismen eines Hexaedergraphen betrachten, und entsprechend bei anderen
regelmäßigen Figuren wie Oktaeder, Prisma, etc. (siehe Aufgaben 2.20, 2.21,
2.22).

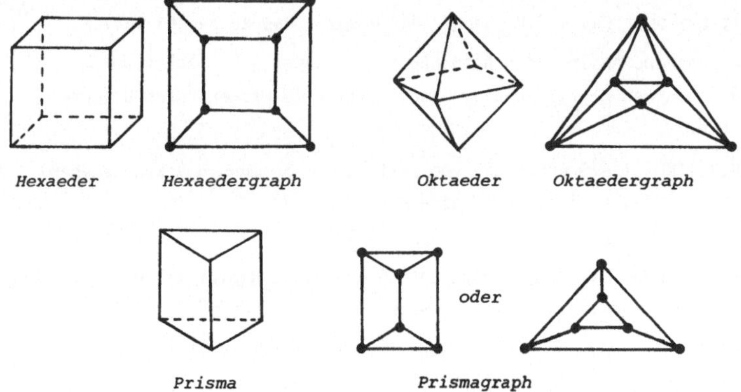

In Verallgemeinerung des regelmäßigen Dreiecks betrachten wir nun regel-
mäßige n-Ecke, deren Graphen aus einer geschlossenen abwechselnden Folge
von Ecken und Kanten besteht. (Da n-Ecke, als räumliche Figuren betrachtet,
zwei Seiten haben, nennt man sie auch Dieder.) Es ist also naheliegend, für
jedes $n \in \mathbb{N}$ mit $n \geq 3$ den *n-Eckgraph* als den Graphen $(\mathbb{Z}_n, N_n)$ zu definieren,
wobei die Nachbarrelation N_n definiert ist durch:

x N_n y genau dann, wenn $x = y \pm_n 1$ oder $y = x \pm_n 1$ (für alle $x, y \in \mathbb{Z}_n$).

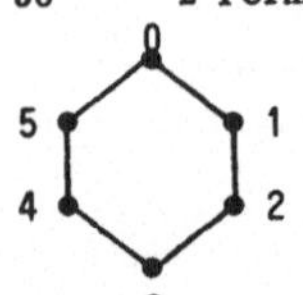

Wir wollen im folgenden die Automorphismengruppen der n-Eckgraphen   bestimmen, die anschaulich aus Spiegelungen und Drehungen der n-Eckgraphen bestehen.

2.30 SATZ (*Die Automorphismen der n-Eckgraphen*)   Sei $n \in \mathbb{N}$ mit $n \geq 3$. Dann sind die Automorphismen des n-Eckgraphen $(\mathbb{Z}_n, N_n)$ genau die Permutationen $\delta, \mu\delta$ von $\mathbb{Z}_n$, wobei μ die Invertierungsabbildung und δ beliebige Rechtsschiebungen der Gruppe $\mathbb{Z}_n$ seien.

Beweis. Sei $n \in \mathbb{N}$ mit $n \geq 3$. μ ist die Abbildung, die jedem Element aus $\mathbb{Z}_n$ sein Inverses (in $\mathbb{Z}_n$) zuordnet. μ und alle Rechtsschiebungen von $\mathbb{Z}_n$ sind Permutationen von $\mathbb{Z}_n$ (also Elemente aus S_n), die offenbar die Nachbarrelation N_n erhalten, sind also Automorphismen von $(\mathbb{Z}_n, N_n)$. Sei nun α ein beliebiger Automorphismus von $(\mathbb{Z}_n, N_n)$. Dann gilt für die Rechtsschiebung $\rho_{0\alpha}$ in $\mathbb{Z}_n$: $0\alpha = 0 \underset{n}{+} 0\alpha = 0\rho_{0\alpha}$. Also ist $\beta := \alpha(\rho_{0\alpha})^{-1}$ ein Automorphismus von $(\mathbb{Z}_n, N_n)$ mit $0\beta = 0$. Wegen $0\ N_n\ 1$ gilt $0\beta\ N_n\ 1\beta$, also $0\ N_n\ 1\beta$, und daher $1\beta = 1$ oder $1\beta = n-1$. Im ersten Fall sei $\gamma := \beta$, im zweiten Fall sei $\gamma := \beta\mu$. Dann ist γ in jedem Fall ein Automorphismus von $(\mathbb{Z}_n, N_n)$ mit $0\gamma = 0$, $1\gamma = 1$. Da γ die Nachbarrelation N_n erhält, folgt nun leicht durch Induktion: $x\gamma = x$ für alle $x \in \mathbb{Z}_n$, also $\gamma = \iota$. Damit ist $\beta = \iota$ oder $\beta\mu = \iota$, d.h. $\alpha = \rho_{0\alpha}$ oder $\alpha = \mu\rho_{0\alpha}$, was zu zeigen war. #

Für eine genauere Analyse der Automorphismengruppen der n-Eckgraphen führen wir nun den Begriff und die Konstruktion der sogenannten Diedergruppen ein.

2.31 DEFINITION Eine Gruppe, die von zwei (nicht notwendig verschiedenen) Involutionen erzeugt wird, heißt eine *Diedergruppe*.

2.32 SATZ (*Kriterium für Diedergruppen*) Eine Gruppe G ist genau dann eine Diedergruppe, wenn es eine Involution $r \in G$ und ein $u \in G$ gibt mit $u^r = u^{-1}$ und $r\langle u \rangle = G \smallsetminus \langle u \rangle$, wobei $r\langle u \rangle := \{rx \mid x \in \langle u \rangle\}$ sei.

Beweis. Sei G eine Diedergruppe. Dann ist $G = \langle r,s \rangle$ für Involutionen $r,s \in G$. Sei $u := rs$. Dann gilt offenbar $u^r = (rs)^r = rrsr = sr = (rs)^{-1} = u^{-1}$. Da die Elemente aus $\langle u \rangle$ Potenzen von u sind und die Transformation mit r ein Automorphismus von G ist, gilt $x^r = x^{-1}$ für alle $x \in \langle u \rangle$. Hieraus folgt leicht, daß $\langle u \rangle \cup r\langle u \rangle$ eine Untergruppe von G ist. Also $G = \langle r,s \rangle \subseteq \langle r,u \rangle \subseteq \langle u \rangle \cup r\langle u \rangle \subseteq G$, d.h. $G = \langle u \rangle \cup r\langle u \rangle$. Annahme: $\langle u \rangle \cap r\langle u \rangle \neq \emptyset$. Dann ist $r \in \langle u \rangle$; r,u sind also vertauschbar. Somit gilt $u = u^r = u^{-1}$, also $u^2 = 1$. Folglich gilt $\langle u \rangle = \{1, u\}$. Wegen $r \in \langle u \rangle$ und $r \neq 1$ gilt $r = u = rs$, also $s = 1$ im Widerspruch zur Voraussetzung, daß s eine Involution ist. Also gilt $\langle u \rangle \cap r\langle u \rangle = \emptyset$, d.h. $r\langle u \rangle = G \smallsetminus \langle u \rangle$.

Sei nun umgekehrt G eine Gruppe, r eine Involution aus G und $u \in G$ mit $u^r = u^{-1}$ und $r\langle u\rangle = G \smallsetminus \langle u\rangle$. Wegen $ru \in r\langle u\rangle$ und $1 \notin r\langle u\rangle$ ist $ru \neq 1$. Andererseits gilt $(ru)^2 = ruru = u^r u = u^{-1} u = 1$. Also ist ru eine Involution. Offenbar gilt $G = \langle u\rangle \cup (G \smallsetminus \langle u\rangle) = \langle u\rangle \cup r\langle u\rangle \subseteq \langle r, u\rangle \subseteq \langle r, ru\rangle \subseteq G$, d.h. $G = \langle r, ru\rangle$. G wird also von zwei Involutionen erzeugt und ist daher eine Diedergruppe. #

Die kleinsten Diedergruppen sind (bis auf Isomorphie) $\mathbb{Z}_2$, $\mathbb{Z}_2 \times \mathbb{Z}_2$, S_3.

Das Kriterium für Diedergruppen führt zu folgender Konstruktion.

2.33 DEFINITION Sei $M_2 := \{-1, 1\}$ und G eine abelsche Gruppe. Das Verknüpfungsgebilde $D(G) := M_2 \times G$ mit der durch

$$(i,x) \cdot (j,y) := (ij, x^j y) \quad \text{für alle } (i,x), (j,y) \in M_2 \times G$$

definierte Verknüpfung · heißt die *Diedererweiterung von* G.

Speziell sei für $n \in \mathbb{N}$ die Diedererweiterung $D(\mathbb{Z}_n)$ mit D_n bezeichnet.

Wie man leicht nachrechnet, gilt:

2.34 SATZ (*Diedererweiterungen*)

a) Für jede abelsche Gruppe G ist D(G) eine Gruppe. Ist G endlich, so ist auch D(G) endlich und hat die Ordnung $2|G|$.

b) Für jede zyklische Gruppe G ist D(G) eine Diedergruppe. Insbesondere ist für jedes $n \in \mathbb{N}$ D_n eine Diedergruppe der Ordnung 2n.

c) Sind G,H isomorphe abelsche Gruppen, so sind auch die Gruppen D(G), D(H) isomorph.

2.35 SATZ (*Bestimmung aller Diedergruppen*) Die Gruppen $D(\mathbb{Z})$ und D_n mit $n \in \mathbb{N}$ sind bis auf Isomorphie alle Diedergruppen.

Beweis. Nach Satz 2.34 b) sind die Gruppen $D(\mathbb{Z})$ und $D(\mathbb{Z}_n) = D_n$ mit $n \in \mathbb{N}$ Diedergruppen. Sie sind aus Ordnungsgründen paarweise nicht isomorph.

Sei nun umgekehrt G eine Diedergruppe. Dann gibt es nach dem Kriterium für Diedergruppen eine Involution $r \in G$ und ein $u \in G$ mit $u^r = u^{-1}$ und $r\langle u\rangle = G \smallsetminus \langle u\rangle$.

Es gilt also $x^r = x^{-1}$ für alle $x \in \langle u\rangle$ und $G = \langle u\rangle \cup r\langle u\rangle$. Daher ist, wie man leicht zeigt, die Abbildung $D(\langle u\rangle) \to G$, $(i,x) \mapsto \begin{cases} x & \text{, falls } i=1 \\ rx & \text{, sonst} \end{cases}$ ein Isomorphismus von $D(\langle u\rangle)$ auf G. Also ist G isomorph zu $D(\langle u\rangle)$. Nach dem Satz über die Bestimmung aller zyklischen Gruppen (Satz 1.48) ist $\langle u\rangle$ isomorph zu $\mathbb{Z}$ oder zu $\mathbb{Z}_n$ für ein $n \in \mathbb{N}$. Also ist nach Satz 2.34 c) G isomorph zu $D(\mathbb{Z})$ oder zu D_n für ein $n \in \mathbb{N}$. #

Damit können wir schließlich die Automorphismengruppen der n-Eckgraphen vollständig bestimmen.

2.36 SATZ (*Bestimmung der Automorphismengruppen der n-Eckgraphen*) Für jedes $n \in \mathbb{N}$ mit $n \geq 3$ ist die Automorphismengruppe des n-Eckgraphen $(\mathbb{Z}_n, N_n)$ eine Diedergruppe der Ordnung 2n, also isomorph zu D_n.

Beweis. Sei $n \in \mathbb{N}$ mit $n \geq 3$. Dann ist nach Satz 2.30 $\mathrm{Aut}(\mathbb{Z}_n, N_n) = U \cup \mu U$, wobei U die Gruppe $R_{\mathbb{Z}_n}$ der Rechtsschiebungen von $\mathbb{Z}_n$ und μ die Invertierungsabbildung von $\mathbb{Z}_n$ ist. Offenbar gilt $\mu \notin U$ (μ ist keine Rechtsschiebung von $\mathbb{Z}_n$), also $U \cap \mu U = \emptyset$. Damit gilt $\mathrm{Aut}(\mathbb{Z}_n, N_n) \setminus U = \mu U$. Nach dem Satz von Cayley (Satz 2.3) ist $U = R_{\mathbb{Z}_n}$ isomorph zu $\mathbb{Z}_n$, also zyklisch, und für alle Elemente aus U, also Rechtsschiebungen ρ_k mit $k \in \mathbb{Z}_n$ gilt, wie man leicht nachprüft: $\rho_k^{\mu} = \rho_{-k} = \rho_k^{-1}$. Damit ist $\mathrm{Aut}(\mathbb{Z}_n, N_n)$ nach dem Kriterium für Diedergruppen (Satz 2.32) eine Diedergruppe. Offenbar gilt $n = |\mathbb{Z}_n| = |R_{\mathbb{Z}_n}| = |U| = |\mu U|$, und daher $|\mathrm{Aut}(\mathbb{Z}_n, N_n)| = |U| + |\mu U| = 2n$. Damit ist nach Satz 2.35 und Satz 2.34 b) $\mathrm{Aut}(\mathbb{Z}_n, N_n)$ isomorph zu D_n. #

Da die Automorphismengruppe des 3-Eckgraphen $(\mathbb{Z}_3, N_3)$ offenbar S_3 ist, folgt also aus diesem Satz, daß S_3 eine Diedergruppe, und zwar isomorph zu D_3 ist.

AUFGABEN

2.19 Man konstruiere einen Graphen, dessen Automorphismengruppe isomorph zu $\mathbb{Z}_3$ ist.

2.20 Man konstruiere einen Hexaedergraphen und zeige, daß seine Automorphismengruppe isomorph zu $S_2 \times S_4$ ist.
[Hinweis: Sei (E,N) ein Hexaedergraph. Man zeige, daß die durch

    $x \sim y$, wenn es ein $z \in E$ mit $x \, N \, z$, $z \, N \, y$ gibt (für alle $x, y \in E$)

definierte Relation $\sim$ auf E eine Äquivalenzrelation ist. E wird durch diese Äquivalenzrelation in zwei Klassen A,B zerlegt. (Diese beiden Klassen von Ecken sieht man im Hexaeder als zwei sich durchdringende einbeschriebene Tetraeder.) Weiter zeige man, daß es zu jeder Ecke x aus E genau eine dazu nicht benachbarte und nicht äquivalente Ecke $x\sigma$ aus E gibt. σ ist eine involutorische Permutation von E, die die Äquivalenzklassen A,B vertauscht. (Im Hexaeder ist σ diejenige Abbildung, die jede Ecke auf ihre räumlich diagonal gegenüberliegende Ecke abbildet, die also das Hexaeder an seinem räumlichen Mittelpunkt spiegelt.) Es gilt nun für alle $x, y \in E$:

    $x \, N \, y$ genau dann, wenn $x \not\sim y$ und $x \neq y\sigma$.

Man zeige, daß jeder Automorphismus von (E,N) die Klassen A,B festläßt oder vertauscht und daß σ ein Automorphismus von (E,N) ist, der mit jedem Automorphismus von (E,N) vertauschbar ist. Damit folgt insbesondere, daß jeder Automorphismus von (E,N) die vier Zweiermengen $\{x, x\sigma\}$ mit $x \in E$ (die man als räumliche Diagonalen im Hexaeder sehen kann) permutiert. Für $D:=\{\{x,x\sigma\}|x\in E\}$ $T:=\{A,B\}$ zeige man dann, daß $Aut(E,N)$ isomorph zu $S(T)\times S(D)$ ist.]

2.21 Man zeige mit ähnlichen Methoden wie bei Aufgabe 2.20, daß die Automorphismengruppe eines Prismagraphen isomorph zu $S_2\times S_3$ ist.

2.22 Man bestimme die Automorphismengruppe eines Oktaedergraphen. [Hinweis: Das Oktaeder ist dual zum Hexaeder.]

2.23 Man zeige für jede Gruppe G einer Ordnung >4: G ist genau dann eine Diedergruppe, wenn G eine echte zyklische Untergruppe U einer Ordnung ≥ 3 besitzt, so daß alle Elemente aus $G{\smallsetminus}U$ Involutionen sind.

2.24 Man zeige, daß jede endliche Diedergruppe G, die nicht isomorph zu $\mathbb{Z}_2\times\mathbb{Z}_2$ ist, genau eine zyklische Untergruppe U mit $|U|=\frac{1}{2}|G|$ besitzt.

2.25 Man bestimme für jede Diedergruppe ihr Zentrum.

2.26 Sei $M:=\mathbb{Q}\smallsetminus\{0,1\}$ und $\mu:M\to M$, $x\mapsto\frac{1}{x}$, $\sigma:M\to M$, $x\mapsto 1-x$. Man bestimme die von $\{\mu,\sigma\}$ erzeugte Untergruppe von $S(M)$ und zeige, daß sie isomorph zu S_3 ist. Gibt es eine dreielementige Teilmenge T von M, so daß die Abbildung, die jeder Permutation aus $\langle\mu,\sigma\rangle$ ihre Einschränkung auf T zuordnet, ein Isomorphismus von $\langle\mu,\sigma\rangle$ auf $S(T)$ ist?

2.27 Sei G eine abelsche Gruppe. Man zeige, daß die Menge der Permutationen α von G mit
$$x\alpha(y\alpha)^{-1}\in\{xy^{-1},yx^{-1}\}\quad\text{für alle }x,y\in G$$
eine zu D(G) isomorphe Untergruppe von S(G) ist.

2.28 In Verallgemeinerung von Aufgabe 2.23 werde eine Gruppe G *diedrisch* genannt, wenn G eine echte Untergruppe U besitzt, so daß alle Elemente aus $G{\smallsetminus}U$ Involutionen sind. Man zeige, daß die abelschen, diedrischen Gruppen genau die nicht-trivialen Booleschen Gruppen sind und daß die diedrischen Gruppen bis auf Isomorphie genau die nicht-trivialen Booleschen Gruppen und die Diedererweiterungen abelscher Gruppen sind.

2.30 Man zeige:
a) Eine endliche abelsche, nicht-Boolesche Gruppe G hat höchstens $\frac{|G|}{2}-1$ Involutionen.
b) Eine endliche diedrische, nicht-Boolesche Gruppe D hat mindestens $\frac{|D|}{2}$ und höchstens $\frac{3}{4}|D|-1$ Involutionen.
Man gebe für die Extremfälle bei diesen Abschätzungen jeweils Beispiele an.

3 Untergruppen und Faktorgruppen (Struktursätze I)

3.1 Untergruppen und Normalteiler

In den ersten beiden Abschnitten wurden die wichtigsten Regeln für das
Rechnen mit Gruppenelementen hergeleitet, grundlegende Eigenschaften von
Gruppen behandelt und eine Reihe von Beispielen für Gruppen betrachtet,
welche die Strukturvielfalt des Gruppenbegriffs illustrieren. Es wurden jedoch noch nicht viele Werkzeuge zur strukturellen Analyse von Gruppen bereit-
gestellt. Dies soll in diesem Abschnitt nachgeholt werden, wobei wir zunächst
die Struktur einer Gruppe im Hinblick auf ihre kleinen Bestandteile, die
Untergruppen, betrachten.

3.1.1 Nebenklassen

Wir haben bereits in den vorigen Abschnitten gelegentlich die Schreibweise
Ta (bzw. aT) für eine Teilmenge T einer Gruppe G und ein Element $a \in G$ als
Abkürzung für die Menge $\{xa \mid x \in T\}$ (bzw. $\{ax \mid x \in T\}$) benutzt. Dahinter steckt
die systematische Idee des sogenannten Mengenprodukts, mit dem man einen
Kalkül zur leichten Handhabe von Teilmengen einer Gruppe gewinnt.

3.1 DEFINITION Sei G eine Gruppe. Für beliebige Teilmengen S,T von G sei
$ST:=\{xy \mid x \in S,\ y \in T\}$. Die hierdurch definierte Verknüpfung auf $\mathbb{P}(G)$ heißt das
Mengenprodukt (in G).
Für beliebige Teilmengen T von G sei $T^{-1}:=\{x^{-1} \mid x \in T\}$.
Ist T eine Teilmenge von G und $a \in G$, so schreibt man statt $T\{a\}$ (bzw. $\{a\}T$)
kurz Ta (bzw. aT), und für $a^{-1}Ta=\{x^a \mid x \in T\}$ schreibt man T^a.

Das Mengenprodukt wird in der Literatur auch oft *Komplexprodukt* genannt.

Da sich die Rechenregeln für das Mengenprodukt unmittelbar aus den Regeln
für die Gruppenverknüpfung ergeben, überlassen wir ihre Zusammenstellung
dem Leser. So ist z.B. das Mengenprodukt assoziativ, d.h. für eine Gruppe
G ist $\mathbb{P}(G)$ mit dem Mengenprodukt eine Halbgruppe mit dem neutralen Element
$\{1\}$. (Jedoch ist für ein $T \in \mathbb{P}(G)$ im allgemeinen T^{-1} nicht das Inverse zu T.) Ge-
mäß der Bezeichnungskonvention für die Vervielfachung ist für eine Teilmenge
T einer Gruppe G und eine natürliche Zahl n: $T^n:=\underbrace{T \cdot T \cdot \ldots \cdot T}_{n\text{-Faktoren}}$, d.h. T^n ist die
Menge aller Produkte mit n Faktoren aus T.

Mit dem Mengenprodukt kann man die Untergruppeneigenschaften knapp ausdrücken: Für eine Teilmenge T einer Gruppe G bedeutet $TT \subseteq T$ die Produktabgeschlossenheit, $T^{-1} \subseteq T$ die Inversenabgeschlossenheit und $TT^{-1} \subseteq T$ die Quotientenabgeschlossenheit. Hiermit folgt direkt:

3.2 HILFSSATZ Sei G eine Gruppe. Dann gilt für alle Untergruppen U,V von G: $UV = \langle U \cup V \rangle$ genau dann, wenn $UV = VU$.

Sei G eine Gruppe, $T \subseteq G$ und $a \in G$. Dann ist Ta (bzw. aT) offenbar das Bild von T bei der Rechtsschiebung (bzw. Linksschiebung) mit a; insbesondere sind also die Mengen T, aT, Ta gleichmächtig. Ebenso ist T^a das Bild von T bei der Transformation mit a. Da die Transformation mit a ein Automorphismus von G ist, übertragen sich alle strukturellen Eigenschaften von T auf T^a; insbesondere ist, falls T eine Untergruppe von G ist, T^a eine zu T isomorphe Untergruppe von G.

3.3 DEFINITION Sei G eine Gruppe und U eine Untergruppe von G. Die Mengen Ua, aU mit $a \in G$ heißen die *Nebenklassen von U in G*, und zwar heißen die Mengen Ua *Rechtsnebenklassen* und die Mengen aU *Linksnebenklassen*. Mit $G/^r U$ wird die Menge der Rechtsnebenklassen von U in G, mit $G/^l U$ die Menge der Linksnebenklassen von U in G bezeichnet.

Sei U eine Untergruppe und a ein Element einer Gruppe G. Dann gilt $Ua = aU^a$ und $aU = U^{a^{-1}} a$, d.h. jede Rechtsnebenklasse ist auch eine Linksnebenklasse und umgekehrt (aber im allgemeinen nicht von derselben Untergruppe). Die Mengen $G/^r U$ und $G/^l U$ sind im allgemeinen nicht gleich, jedoch immer gleichmächtig, denn offenbar ist $T \mapsto T^{-1}$ eine bijektive Abbildung von $G/^r U$ auf $G/^l U$. Dies rechtfertigt die folgende Definition:

3.4 DEFINITION Sei G eine Gruppe und U eine Untergruppe von G. Gibt es nur endlich viele Nebenklassen von U in G, so heißt U von *endlichem Index in* G, und $|G{:}U| := |G/^r U| = |G/^l U|$ heißt der *Index von U in* G; andernfalls heißt U von *unendlichem Index in* G.

Da wir im folgenden hauptsächlich mit Rechtsnebenklassen arbeiten, bezeichnen wir für eine Gruppe G und eine Untergruppe U von G die Menge $G/^r U$ kurz mit G/U.

Wie man leicht nachprüft, gilt:

3.5 HILFSSATZ (*Gleichheit von Nebenklassen*) Sei G eine Gruppe und U eine Untergruppe von G. Dann sind für alle $a,b \in G$ die vier Aussagen

$$a \in Ub \; ; \; ab^{-1} \in U \; ; \; Ua = Ub \; ; \; b \in Ua$$

zueinander äquivalent.

3.6 SATZ (*Die Nebenklasseneinteilung einer Gruppe*) Für jede Gruppe G und jede Untergruppe U von G ist G/U eine Klasseneinteilung von G.

Beweis. Sei G eine Gruppe und U eine Untergruppe von G. Zu zeigen ist, daß keine Rechtsnebenklasse von U leer ist und daß jedes Element von G in genau einer Rechtsnebenklasse von U liegt. Da U nicht leer ist, ist keine Rechtsnebenklasse von U leer. Sei nun $x \in G$. Dann gilt $x \in Ux$. Sei nun $x \in Uy$ für ein $y \in G$. Dann folgt mit Hilfssatz 3.5: $Ux = Uy$. Also liegt x in genau einer Rechtsnebenklasse von U. #

AUFGABEN

3.1 Man prüfe, ob für beliebige Teilmengen R,S,T einer Gruppe G stets gilt:
  a) $(R \cup S)T = RT \cup ST$;   b) $(R \cap S)T = RT \cap ST$;
  c) Aus $TT \subseteq T$ folgt $TT = T$;   d) Aus $T^{-1} \subseteq T$ folgt $T^{-1} = T$.

3.2 Man zeige für alle Gruppen G, Untergruppen U und Teilmengen S,T von G:
Aus $S \subseteq U$ folgt $U \cap (ST) = (U \cap S)(U \cap T)$.

3.3 Man zeige, daß für jede Gruppe G und jede Teilmenge T von G gilt:
$$\langle T \rangle = \bigcup_{n \in \mathbb{N}} M^n \quad \text{mit } M := T \cup \{1\} \cup T^{-1}.$$

3.4 Man gebe eine endliche Gruppe G und darin Teilmengen S,T mit $|ST| \neq |TS|$ an.

3.5 Sei G eine Gruppe und U eine Untergruppe von G. Man zeige:
  a) Für jedes $a \in G$ ist Ua genau dann eine Linksnebenklasse von U, wenn $Ua = aU$.
  b) $G/^r U = G/^l U$ genau dann, wenn $Ua = aU$ für alle $a \in G$.

3.6 Man bestimme für jedes $m \in \mathbb{N}$ den Index von $m\mathbb{Z}$ in $\mathbb{Z}$.

3.7 Für viele Betrachtungen ist es nützlich, die leere Menge ebenfalls als Nebenklasse zu definieren. In diesem Sinne ist der Begriff "Nebenklasse" in dieser und der nächsten Aufgabe zu verstehen.
Man zeige, daß für jede Teilmenge T einer Gruppe G gilt: T ist genau dann eine Nebenklasse einer Untergruppe von G, wenn $TT^{-1}T \subseteq T$ gilt.

3.8 Sei G eine Gruppe und $\mathbb{N}$ die Menge aller Nebenklassen von Untergruppen von G. Man zeige, daß $\mathbb{N}$ gegen Durchschnittsbildung abgeschlossen ist.

3.1.2 Der Satz von Lagrange

3.7 SATZ (*Satz von Lagrange*) Für jede endliche Gruppe G und jede Untergruppe U von G gilt $|G| = |G/U| \cdot |U|$.
Insbesondere sind Index und Ordnung einer Untergruppe einer endlichen Gruppe stets Teiler der Ordnung der Gruppe.

Beweis. Sei G eine endliche Gruppe und U eine Untergruppe von G. Da nach Satz 3.6 G/U eine Klasseneinteilung von G ist und alle Rechtsnebenklassen von U gleichmächtig zu U sind, folgt:

$$|G| = |\bigcup_{T\in G/U} T| = \sum_{T\in G/U} |T| = \sum_{T\in G/U} |U| = |G/U|\cdot|U|. \quad \#$$

Index und Ordnung einer Untergruppe sind wichtige Hilfsmittel zur Analyse von Gruppen, denn sie erlauben eine Reduktion vieler Probleme auf rein zahlentheoretische Betrachtungen (Teilbarkeitsbetrachtungen). Insbesondere gewinnt man mit dem Satz von Lagrange einen guten Oberblick über die möglichen Untergruppen einer Gruppe. Die nachstehenden Folgerungen aus dem Satz von Lagrange demonstrieren dies.

Da die Ordnung eines Elementes a einer Gruppe G als die Ordnung der erzeugten Untergruppe <a> definiert ist, erhält man als Verschärfung des kleinen Satzes von Fermat für abelsche Gruppen (Satz 1.38):

3.8 FOLGERUNG (*Kleiner Satz von Fermat für Gruppen*) Für jede endliche Gruppe G und jedes Element a∈G ist o(a) ein Teiler von $|G|$, und es gilt: $a^{|G|}=1$.

Da eine Primzahl außer 1 und sich selbst keine weiteren natürlichen Teiler hat, gilt:

3.9 FOLGERUNG Jede Gruppe von Primzahlordnung hat nur die trivialen Untergruppen und wird daher von jedem ihrer Elemente $\neq 1$ erzeugt.

Hieraus und aus dem Satz über die Bestimmung aller zyklischen Gruppen (Satz 1.48) folgt:

3.10 SATZ (*Bestimmung aller Gruppen von Primzahlordnung*) Für jede Primzahl p ist $\mathbb{Z}_p$ bis auf Isomorphie die einzige Gruppe der Ordnung p.

Der Beweis des folgenden Satzes besteht aus ähnlichen Oberlegungen wie der Beweis des Satzes von Lagrange.

3.11 SATZ Für alle Gruppen G und endlichen Untergruppen U,V von G gilt
$$|UV|\cdot|U\cap V| = |U|\cdot|V|.$$

Beweis. Sei G eine Gruppe, und seien U,V endliche Untergruppen von G. Offenbar ist $\mathfrak{m}:=\{Uv\,|\,v\in V\}$ eine Klasseneinteilung von UV.
Für alle v,w∈V sind nach Hilfssatz 3.5 die folgenden Aussagen der Reihe nach äquivalent: $Uv = Uw$; $vw^{-1} \in U$; $vw^{-1} \in U\cap V$; $(U\cap V)v = (U\cap V)w$. Also ist $Uv \mapsto (U\cap V)v$ eine injektive Abbildung von $\mathfrak{m}$ in $V/U\cap V$. Da diese Abbildung offenbar auch surjektiv ist, gilt $|\mathfrak{m}|=|V/U\cap V|$. Also gilt: $|UV| = |\bigcup_{T\in\mathfrak{m}} T| = \sum_{T\in\mathfrak{m}} |T| =$

$= \sum_{T \in \mathfrak{M}} |U| = |\mathfrak{M}| \cdot |U| = |V/U \cap V| \cdot |U|$. Da nach dem Satz von Lagrange $|V| = |V/U \cap V| \cdot |U \cap V|$

gilt (denn $U \cap V$ ist eine Untergruppe von V), folgt die Behauptung. #

Zusammen mit dem Satz von Lagrange folgt hieraus unmittelbar:

3.12 FOLGERUNG Für alle Gruppen G und endlichen Untergruppen U,V von G gilt:
a) Sind $|U|,|V|$ teilerfremd, so ist $U \cap V=\{1\}$ und $|UV|=|U| \cdot |V|$.
b) Ist $|U|$ eine Primzahl und $U \not\subseteq V$, so ist $U \cap V=\{1\}$ und $|UV|=|U| \cdot |V|$.

Damit sind wir in der Lage, alle Gruppen zu bestimmen, deren Ordnung das Doppelte einer Primzahl ist.

3.13 SATZ (*Bestimmung aller Gruppen der Ordnung 2p für eine Primzahl p*) Für jede Primzahl p sind $\mathbb{Z}_{2p}$ und D_p bis auf Isomorphie die einzigen Gruppen der Ordnung 2p.

Beweis. Der Fall p=2 ist durch Satz 1.20 erledigt, denn offenbar ist
$D_2 \simeq \mathbb{Z}_2 \times \mathbb{Z}_2$.
Sei also p eine ungerade Primzahl.
Die Gruppen $\mathbb{Z}_{2p}$ und D_p haben die Ordnung 2p und sind nicht-isomorph, da $\mathbb{Z}_{2p}$ abelsch, aber D_p offenbar nicht abelsch ist.
Sei nun umgekehrt G eine Gruppe der Ordnung 2p. Nach Folgerung 3.12 b) gibt es höchstens eine Untergruppe der Ordnung p von G, da andernfalls eine Teilmenge von G mit p^2 Elementen konstruiert werden könnte (im Widerspruch zu $|G|=2p < p^2$). Also gibt es mindestens zwei Elemente in $G \setminus \{1\}$, die nicht die Ordnung p und somit die Ordnung 2 oder 2p haben.
1.Fall: Es gibt ein Element der Ordnung 2p in G. Dann ist G zyklisch und daher (nach Satz 1.48) isomorph zu $\mathbb{Z}_{2p}$.
2.Fall: Es gibt kein Element der Ordnung 2p in G. Dann gibt es mindestens zwei Elemente r,s der Ordnung 2 in G. <r,s> ist eine Diedergruppe und zugleich eine Untergruppe von G. Da <r,s> eine gerade Ordnung >2 hat, bleibt nach dem Satz von Lagrange als Ordnung von <r,s> nur 2p. Also ist G=<r,s> eine Diedergruppe und daher (nach Satz 1.35) isomorph zu D_p. #

AUFGABEN

3.9 Unter einem *Repräsentantensystem* einer Menge $\mathfrak{M}$ von Mengen versteht man eine Menge R mit $R \subseteq \bigcup_{M \in \mathfrak{M}} M$ und $|R \cap M|=1$ für alle $M \in \mathfrak{M}$. Nicht jede Menge $\mathfrak{M}$ von nicht-leeren Mengen hat ein Repräsentantensystem. Jedoch hat offenbar jede endliche Menge von paarweise disjunkten nicht-leeren Mengen ein Repräsentantensystem. Insbesondere hat für jede Untergruppe U von endlichem Index einer Gruppe G die Menge G/U ein Repräsentantensystem.

Man zeige, daß für jede Gruppe G, Untergruppe U von G und Teilmenge R von G
die folgenden Aussagen zueinander äquivalent sind:

(1) R ist ein Repräsentantensystem von G/U.

(2) UR=G und $\quad U\cap(RR^{-1}) = \{1\}$.

(3) Die Abbildung U×R → G, (u,r) ↦ ur ist bijektiv.

(4) Die Abbildung R → G/U, r ↦ Ur ist bijektiv.

3.10 Man beweise den Satz von Lagrange mit Hilfe von Aufgabe 3.9 .

3.11 Man zeige für beliebige (nicht notwendig endliche) Gruppen G die folgende
Indexproduktregel: Ist U eine Untergruppe von G von endlichem Index und V eine
Untergruppe von U von endlichem Index, so gilt $|G/U|\cdot|U/V|=|G/V|$.
[Hinweis: Man konstruiere aus einem Repräsentantensystem von G/U und einem
von U/V eines von G/V.]

3.12 Sei G eine Gruppe, U eine Untergruppe von G und R ein Repräsentantensystem von G/U. Man zeige: Für jedes u∈U ist auch uR ein Repräsentantensystem
von G/U, und $\{uR|u\in U\}$ ist eine Klasseneinteilung von G. Man veranschauliche
sich diesen Sachverhalt etwa an dem Beispiel: $G=\mathbb{Z}$, $U:=m\mathbb{Z}$ und R={0,1,...,m-1}=
$=\mathbb{Z}_m$ (für ein m∈ℕ).

3.13 Man bestimme alle Untergruppen von $\mathbb{Z}_{30}$.
[Hinweis: Man zeige zunächst mit Hilfe des Satzes von Lagrange und des
Satzes 3.11, daß es zu jedem n∈ℕ höchstens eine Untergruppe der Ordnung n
von $\mathbb{Z}_{30}$ gibt.]

3.14 Man zeige, daß jede nicht-zyklische Gruppe der Ordnung p^2, wobei p eine
beliebige Primzahl sei, genau p+3 Untergruppen hat.
[Hinweis: Man verwende den Satz von Lagrange und Folgerung 3.12 b).]

3.15 Man zeige mit Hilfe des kleinen Satzes von Fermat für Gruppen, daß für
jede endliche Gruppe G ungerader Ordnung die Abbildung G → G, $x\mapsto x^2$ bijektiv ist.

3.1.3 Normalteiler

Die Eigenschaft einer Teilmenge T einer Gruppe G, mit jeder Teilmenge von G
vertauschbar zu sein, also die Eigenschaft: TM = MT für alle M∈P(G), ist offenbar gleichbedeutend mit der Eigenschaft: Tx = xT für alle x∈G. Statt Tx=
=xT kann man auch schreiben $x^{-1}Tx=T$, d.h. $T^x=T$. Wie man leicht sieht, gilt
$T^x=T$ für alle x∈G genau dann, wenn $T^x \subseteq T$ für alle x∈G gilt. Wir heben solche
Teilmengen durch eine Definition hervor:

3.14 DEFINITION Eine Teilmenge T einer Gruppe G mit $T^x \subseteq T$ für alle $x \in G$ heißt *invariant* (*unter* G).

Eine invariante Untergruppe einer Gruppe heißt ein *Normalteiler* dieser Gruppe.

Für jede Gruppe G gilt offenbar:

G und jede Teilmenge des Zentrums von G ist invariant; das Komplement jeder invarianten Teilmenge von G ist invariant; mit je zwei invarianten Teilmengen von G ist auch ihr Durchschnitt, ihre Vereinigung und ihr Produkt invariant.

Für abelsche Gruppen ist der Begriff der Invarianz inhaltsleer, da alle Teilmengen einer abelschen Gruppe invariant sind.

Für einen Normalteiler N einer Gruppe G stimmen Rechts- und Linksnebenklassen überein.

Normalteiler spielen bei der Zerlegung von Gruppen in kleinere Bestandteile eine besonders wichtige Rolle, wie der nächste Abschnitt zeigt. Daher bemüht man sich stets um Kriterien für die Invarianz von Untergruppen oder die Existenz nicht-trivialer Normalteiler.

3.15 SATZ (*Untergruppen vom Index 2*) Eine Untergruppe vom Index 2 einer Gruppe ist stets ein Normalteiler dieser Gruppe.

Beweis. Sei G eine Gruppe und U eine Untergruppe von G mit $|G/U|=2$. Dann gilt $|G/^rU|=2=|G/^lU|$, und daher $G/^rU = \{U, G \smallsetminus U\} = G/^lU$. Für alle $x \in U$ gilt also $Ux=U=xU$ und für alle $x \in G \smallsetminus U$ gilt $Ux=G \smallsetminus U=xU$. Also gilt für alle $x \in G$: $Ux=xU$, d.h. U ist ein Normalteiler von G. #

Nach dem Satz von Lagrange ist jede Untergruppe U einer endlichen Gruppe G mit $|U| = \frac{1}{2}|G|$ eine Untergruppe vom Index 2.

Beispiele für Untergruppen vom Index 2 aus den vergangenen Abschnitten:
Für jedes $n \in \mathbb{N}$ mit $n \geq 2$ ist die alternierende Gruppe A_n eine Untergruppe der symmetrischen Gruppe S_n vom Index 2 (Satz 2.20, Definition 2.21).
Jede Diedergruppe (Diedererweiterung einer abelschen Gruppe) hat eine zyklische (abelsche) Untergruppe vom Index 2 (Satz 2.32, Definition 2.33).
Für jedes $n \in \mathbb{N}$ ist die Boolesche Gruppe B_{n-1} eine Untergruppe der Booleschen Gruppe B_n vom Index 2 (Satz 1.31 c), e)).

Unmittelbar aus dem Begriff der Invarianz (und mit Hilfssatz 3.2) erhält man über das System der Normalteiler einer Gruppe:

3.16 SATZ (*Die Normalteiler einer Gruppe*) Für jede Gruppe G gilt:
a) Der Durchschnitt zweier Normalteiler von G ist stets ein Normalteiler von G.

b) Das Produkt zweier Normalteiler von G ist stets ein Normalteiler von G.

c) Der Durchschnitt eines Normalteilers von G mit einer Untergruppe von G
   ist stets ein Normalteiler dieser Untergruppe.

d) Das Produkt eines Normalteilers von G mit einer Untergruppe von G ist
   stets eine Untergruppe von G.

Die Invarianz für eine Teilmenge T einer Gruppe G bedeutet, daß T bei allen
inneren Automorphismen τ_a mit a∈G in sich übergeht. Gilt die stärkere Bedingung, daß T bei allen Automorphismen von G in sich übergeht, so heißt
T *charakteristisch*. Z.B. ist das Zentrum einer Gruppe eine charakteristische
Untergruppe und die Menge aller Involutionen eine charakteristische Teilmenge dieser Gruppe. Ebenso ist offenbar jede Untergruppe U einer Gruppe G,
die die einzige Untergruppe der Ordnung |U| von G ist, charakteristisch in G.

Während die Invarianzbeziehung nicht transitiv ist (siehe Aufgabe 3.18),
gilt für charakteristische Teilmengen:

3.17 HILFSSATZ (*Transitivität für charakteristische Teilmengen*) Sei G eine
Gruppe, U eine Untergruppe von G und T eine Teilmenge von U. Dann gilt:

a) Ist T charakteristisch in U und U charakteristisch in G, so ist T
   charakteristisch in G.

b) Ist T charakteristisch in U und U invariant unter G, so ist T invariant
   unter G.

Beweis. Sei G eine Gruppe, U eine Untergruppe von G und T ⊆ U.
Zu a). Sei T charakteristisch in U und U charakteristisch in G. Sei α ein
Automorphismus von G. Dann führt α U in sich über. Also ist die Einschränkung von α auf U ein Automorphismus von U. Diese Einschränkung von α führt
daher T in sich über. T geht also bei allen Automorphismen von G in sich
über, d.h. T ist charakteristisch in G.
Zu b). Dies folgt ähnlich wie a), wobei man nur innere Automorphismen von G
betrachtet. #

Als Anwendung von Satz 3.11 erhält man das folgende hinreichende Kriterium
für charakteristische Untergruppen :

3.18 SATZ Für jede endliche Gruppe G und jeden Normalteiler N von G gilt:
Sind |N|, |G/N| teilerfremd, so ist N die einzige Untergruppe der Ordnung
|N| von G, also insbesondere charakteristisch.

Beweis. Sei G eine endliche Gruppe und N ein Normalteiler von G, so daß
|N|, |G/N| teilerfremd sind. Sei U eine Untergruppe von G mit |U|=|N|.
Zu zeigen ist U=N. Da UN eine Untergruppe von G ist (Satz 3.16 d)), gilt

nach dem Satz von Lagrange und nach dem Satz 3.11: $|G/N| \cdot |N| = |G| = |G/UN| \dfrac{|U| \cdot |N|}{|U \cap N|}$.

Also folgt $|G/N| = |G/UN| \cdot \dfrac{|U|}{|U \cap N|} = |G/UN| \cdot |U/U \cap N|$, d.h. $|U/U \cap N|$ ist ein Teiler von $|G/N|$. Andererseits ist $|U/U \cap N|$ auch ein Teiler von $|U| = |N|$. Da $|G/N|$, $|N|$ teilerfremd sind, folgt $|U/U \cap N| = 1$, d.h. $U = U \cap N$, also $U \subseteq N$ und damit $U = N$ (wegen $|U| = |N|$). #

AUFGABEN

3.16 Man zeige, daß das Erzeugnis einer invarianten (charakteristischen) Teilmenge einer Gruppe stets invariant (charakteristisch) ist, und beweise hiermit, daß die Kommutatorgruppe einer Gruppe immer charakteristisch ist. (Siehe Aufgabe 1.47)

3.17 Man zeige, daß für jede Gruppe G und jede Untergruppe U von G die folgenden drei Aussagen untereinander äquivalent sind:
U ist Normalteiler von G; $G/^r U = G/^l U$; für $x, y \in G$ folgt aus $xy \in U$ stets $yx \in U$.

3.18 Man gebe zwei Untergruppen U,V von A_4 an mit der Eigenschaft: U ist Normalteiler von V und V ist Normalteiler von A_4, aber U ist nicht Normalteiler von A_4.

3.19 Man zeige für alle endlichen Gruppen G und Untergruppen U,V von G: Ist U eine Untergruppe ungerader Ordnung von V vom Index 2, und hat V den Index 2 in G, so ist U charakteristisch in G.

3.20 Man zeige mit Hilfe von Aufgabe 1.55 und Satz 3.18, daß jede abelsche Gruppe der Ordnung pq, wobei p,q verschiedene Primzahlen sind, zyklisch ist.

3.1.4 Direkte und halbdirekte Produkte

In diesem Abschnitt untersuchen wir die Bedingungen, unter denen eine Gruppe als direktes (bzw. halbdirektes) Produkt zweier Untergruppen darstellbar ist.

Seien G,H Gruppen. Wie man leicht sieht, gilt für die Untergruppen $\bar{G} := G \times \{1\}$ und $\bar{H} := \{1\} \times H$ des direkten Produktes $G \times H$: $\bar{G}\,\bar{H} = G \times H$ und $\bar{G} \cap \bar{H} = \{(1,1)\}$, und jedes Element aus $G \times H$ ist eindeutig als Produkt eines Elementes aus $\bar{G}$ mit einem Element aus $\bar{H}$ darstellbar. Dies führt zu folgender Begriffsbildung:

3.19 DEFINITION Sei G eine Gruppe, und seien U,V Untergruppen von G. Gilt $UV = G$ und $U \cap V = \{1\}$, so heißen U,V zueinander *komplementär*, und die eine heißt ein *Komplement* der anderen; ist eine der beiden Untergruppen ein Normalteiler von G, so heißt sie ein *normales Komplement* der anderen.

Wie man leicht nachprüft (siehe auch Aufgabe 3.9, die Äquivalenz von (2) und (3)), gilt:

3.20 HILFSSATZ (*Kriterium für komplementäre Untergruppen*) Zwei Untergruppen
U,V einer Gruppe G sind genau dann komplementär zueinander, wenn sich jedes
Element aus G eindeutig als Produkt eines Elementes aus U mit einem Element
aus V darstellen läßt, d.h. wenn die Abbildung U×V → G, (u,v) ↦ uv bijektiv
ist.

Unmittelbar aus Folgerung 3.12 a) folgt:

3.21 FOLGERUNG (*Arithmetisch-komplementäre Untergruppen*) Sei G eine endliche
Gruppe, und seien U,V Untergruppen von G mit teilerfremden Ordnungen, deren
Produkt die Ordnung von G ist. Dann sind U,V komplementär zueinander.

Die komponentenweise Verknüpfung eines direkten Produktes zweier Gruppen
läßt sich ebenso wie die Darstellbarkeit seiner Elemente als Paare in einer
Gruppe, die nicht notwendig die Gestalt eines direkten Produktes hat, beschreiben:

Sei G eine Gruppe, U eine Untergruppe und N ein Normalteiler von G. Dann
kann man das Produkt zweier Elemente aus UN auf die folgende Weise wieder
als ein Element aus UN darstellen: Seien $u,v \in U$, $a,b \in N$. Es ist (ua)(vb)=
=$uvv^{-1}avb=uva^{v}b$, wobei $uv \in U$ und $a^{v}b \in N$ gilt.
Es wird also "fast" komponentenweise mit den Elementen aus UN gerechnet,
nur daß in der N-Komponente des Produktes der erste Faktor mit einem inneren Automorphismus τ_v "korrigiert" wird; sind a,v vertauschbar, so
handelt es sich um eine komponentenweise Produktbildung.

Dies führt zu der folgenden Konstruktion, die eine Verallgemeinerung der
Konstruktion des direkten Produktes ist:

3.22 DEFINITION Seien G,H Gruppen, und sei $\psi:G \to \mathrm{Aut}\,H$, $x \mapsto \alpha_x$ ein Homomorphismus. Dann heißt das Verknüpfungsgebilde G×H mit der durch
$$(x,y)\cdot(x',y'):=(xx',y\alpha_x y') \quad \text{für alle } (x,y),(x',y') \in G\times H$$
definierte Verknüpfung · das *halbdirekte Produkt von* G *mit* H *bezüglich* ψ
(es wird mit G×$_\psi$H bezeichnet), und G,H seine *Faktoren*, wobei H der *normale*
Faktor heißt.

Man rechnet leicht nach, daß das halbdirekte Produkt einer Gruppe G mit
einer Gruppe H bezüglich eines Homomorphismus ψ von G in Aut H stets eine
Gruppe ist. Ist dabei ψ der triviale Homomorphismus, der also jedes Element
aus G auf den identischen Automorphismus von H abbildet, so ist das halbdirekte Produkt G×$_\psi$H offensichtlich gleich dem direkten Produkt G×H.

Wir haben bereits spezielle halbdirekte Produkte eingeführt, nämlich die Diedererweiterungen abelscher Gruppen (siehe Definition 2.33). Für eine abelsche Gruppe G ist $D(G) = M_2 \times_\psi G$, wobei ψ diejenige Abbildung von M_2 in Aut G ist, die dem Element $1 \in M_2$ die Identität ι auf G und dem Element $-1 \in M_2$ den Invertierungsautomorphismus μ von G zugeordnet.

Wir fassen nun unsere Überlegungen zu einem Satz über die Darstellung einer Gruppe als direktes oder halbdirektes Produkt zweier Untergruppen zusammen:

3.23 SATZ (*Das innere direkte und halbdirekte Produkt*)

a) Seien U,N Gruppen und ψ ein Homomorphismus von U in AutN . Dann ist
   $U \times \{1\}$ eine Untergruppe und $\{1\} \times N$ ein dazu normales Komplement des
   halbdirekten Produktes $U \times_\psi N$.
   Ist ψ der triviale Homomorphismus, also $U \times_\psi N$ das direkte Produkt $U \times N$, so
   ist auch $U \times \{1\}$ ein Normalteiler von $U \times_\psi N$.

b) Sei G eine Gruppe, U eine Untergruppe von G und N ein normales Komplement
   von U in G. Dann ist die Abbildung ψ, die jedem $u \in U$ den auf N eingeschränkten inneren Automorphismus τ_u zuordnet, ein Homomorphismus von
   U in Aut N und G ist isomorph zu dem halbdirekten Produkt $U \times_\psi N$. Ist auch
   U ein Normalteiler von G, so ist ψ trivial, d.h. G ist isomorph zu dem
   direkten Produkt $U \times N$.

Beweis. Die Behauptung a) ist leicht nachzurechnen.
Zu b). Sei G eine Gruppe, U eine Untergruppe von G und N ein normales
Komplement von U in G. Da N ein Normalteiler von G ist, führt jeder innere
Automorphismus τ_u mit $u \in U$ N in sich über. Also ist $u \mapsto \tau_u$ ein Homomorphismus ψ
von U in AutN. Nach Hilfssatz 3.20 ist $\phi : U \times N \to G$, $(u,x) \mapsto ux$ eine bijektive
Abbildung. ϕ ist ein Homomorphismus von $U \times_\psi N$ in G, denn für alle $(u,x),(v,y) \in$
$\in U \times N$ gilt: $((u,x),(v,y))\phi = (uv, x\,\tau_v\,y) = (uv, x^v y)\phi = uvx^v y = uvv^{-1}xvy = uxvy =$
$= (u,x)\phi(v,y)\phi$. Also ist ϕ ein Isomorphismus von $U \times_\psi N$ auf G, d.h. G ist isomorph zu $U \times_\psi N$.
Sei nun zusätzlich U ein Normalteiler von G. Zu zeigen ist, daß τ_u für alle
$u \in U$ auf N identisch wirkt, daß also $x^u = x$ für alle $u \in U$ und $x \in N$ gilt. Seien
also $u \in U$, $x \in N$. Dann ist $x^{-1}x^u \in N$ (da N Normalteiler von G ist) und $(u^{-1})^x u \in U$
(da U Normalteiler von G ist). Da aber $x^{-1}x^u = x^{-1}u^{-1}xu = (u^{-1})^x u$ gilt
und nach Voraussetzung $U \cap N = \{1\}$ ist, folgt $x^{-1}x^u = 1$, also $x^u = x$. #

Als Anwendung bestimmen wir alle Gruppen von Primzahlquadratordnung.

3.24 SATZ (*Bestimmung aller Gruppen der Ordnung p^2 für eine Primzahl p*) Für
jede Primzahl p sind $\mathbb{Z}_{p^2}$ und $\mathbb{Z}_p \times \mathbb{Z}_p$ bis auf Isomorphie die einzigen Gruppen
der Ordnung p^2.

Beweis. Sei p eine Primzahl. Die Gruppen $\mathbb{Z}_{p^2}$ und $\mathbb{Z}_p \times \mathbb{Z}_p$ haben die Ordnung p^2 und sind nicht isomorph, da $\mathbb{Z}_p \times \mathbb{Z}_p$ offenbar nicht zyklisch ist (denn für alle $x \in \mathbb{Z}_p \times \mathbb{Z}_p$ gilt px=0).

Sei nun umgekehrt G eine Gruppe der Ordnung p^2. Dann haben nach dem Satz von Lagrange alle nicht-trivialen Untergruppen von G die Ordnung p. Wir zeigen zunächst, daß alle Untergruppen von G invariant sind. Für die trivialen Untergruppen ist dies klar. Sei also U eine nicht-triviale Untergruppe von G. Dann hat U die Ordnung p. Zu zeigen ist $U^x \subseteq U$ für alle x∈G. Für Elemente x∈U ist dies klar. Sei also jetzt x∈G∖U. Für alle u∈U ist dann $Ux^{-1}u \neq U$, d.h. $u \mapsto Ux^{-1}u$ ist eine Abbildung von U in $(G/U) \setminus \{U\}$. Wegen $|U|=p$ und $|(G/U) \setminus \{U\}| = |G/U|-1 = \frac{p^2}{p}-1 = p-1$ ist diese Abbildung nicht injektiv. Also gibt es u,v∈U mit $u \neq v$ und $Ux^{-1}u = Ux^{-1}v$. Hieraus folgt $(uv^{-1})^x = (x^{-1}u)(x^{-1}v)^{-1} \in U$, also $uv^{-1} \in U^{x^{-1}}$. Da U Primzahlordnung hat und $uv^{-1} \neq 1$ ist, wird U von uv^{-1} erzeugt (Folgerung 3.9). Also folgt $U = \langle uv^{-1} \rangle \subseteq U^{x^{-1}}$ ($U^{x^{-1}}$ ist eine Untergruppe von G), d.h. $U^x \subseteq U$. U ist damit invariant.

Ist nun G zyklisch, so ist G nach Satz 1.48 isomorph zu $\mathbb{Z}_{p^2}$.

Sei also jetzt G nicht zyklisch. Wegen $|G| \neq 1$ gibt es ein $u \in G \setminus \{1\}$, und wegen $\langle u \rangle \neq G$ gibt es ein $v \in G \setminus \langle u \rangle$. $\langle u \rangle, \langle v \rangle$ sind verschiedene nicht-triviale Untergruppen von G, haben also die Ordnung p, und sind außerdem, wie oben gezeigt, Normalteiler von G. Nach Folgerung 3.12 b) sind $\langle u \rangle, \langle v \rangle$ daher zueinander komplementär, und es folgt mit Satz 3.23 b): $G \simeq \langle u \rangle \times \langle v \rangle$. Nach Satz 3.10 ist $\langle u \rangle \simeq \mathbb{Z}_p \simeq \langle v \rangle$. Also ist G isomorph zu $\mathbb{Z}_p \times \mathbb{Z}_p$. #

AUFGABEN

3.21 Sei ψ diejenige Abbildung von $\mathbb{Z}_4$ in Aut $\mathbb{Z}_3 = \{\iota, \mu\}$, die 0,2 auf ι und 1,3 auf μ abbildet. ψ ist dann ein Homomorphismus von $\mathbb{Z}_4$ in Aut $\mathbb{Z}_3$. Man zeige, daß $M_{4,3} := \mathbb{Z}_4 \underset{\psi}{\times} \mathbb{Z}_3$ bis auf Isomorphie das einzige nicht-abelsche halbdirekte Produkt einer zyklischen Gruppe der Ordnung 4 mit einer zyklischen Gruppe der Ordnung 3 ist.

3.22 Man zeige:

a) Das Verknüpfungsgebilde $(\mathbb{Q} \setminus \{0\}) \times \mathbb{Q}$ mit der durch

$$(a,x) \cdot (b,y) := (ab, xb+y) \quad \text{für alle } (a,x),(b,y) \in (\mathbb{Q} \setminus \{0\}) \times \mathbb{Q}$$

definierte Verknüpfung · ist eine Gruppe, und zwar ein halbdirektes Produkt von $\mathbb{Q} \setminus \{0\}$ (bzgl. ·) mit $\mathbb{Q}$ (bzgl. +).

b) Die Menge der Permutationen α von $\mathbb{Q}$ mit $\frac{x\alpha - 0\alpha}{1\alpha - 0\alpha} = x$ für alle x∈$\mathbb{Q}$, der sogenannten affinen Abbildungen von $\mathbb{Q}$, ist eine Untergruppe der symmetrischen Gruppe $S(\mathbb{Q})$, die isomorph zu der in a) definierten Gruppe ist.

3.23 Für alle $i,j \in M_2$ sei $[i,j] := \begin{cases} 2 & \text{, falls } i=j=-1 \\ 0 & \text{, sonst} \end{cases}$. Man zeige:

a) Das Verknüpfungsgebilde $M_2 \times \mathbb{Z}_4$ mit der durch

$$(i,x)\cdot(j,y) := (ij, jx_4 y_4 [i,j]) \quad \text{für alle } (i,x),(j,y) \in M_2 \times \mathbb{Z}_4$$

definierte Verknüpfung · ist eine nicht-abelsche Gruppe. Sie heißt die *Quaternionengruppe* und wird mit Q_8 bezeichnet.

b) Q_8 hat neben den trivialen Untergruppen genau drei Untergruppen der Ordnung 4 und eine Untergruppe der Ordnung 2.

c) Alle Untergruppen von Q_8 sind invariant.

d) Keine nicht-triviale Untergruppe von Q_8 besitzt ein Komplement in Q_8.

3.24 Die Gruppe A_4 besteht aus allen geraden Permutationen aus S_4, also aus allen Produkten gerade vieler Transpositionen aus S_4. Man zeige:

a) A_4 ist isomorph zu einem halbdirekten Produkt von $\mathbb{Z}_3$ mit $\mathbb{Z}_2 \times \mathbb{Z}_2$.

b) A_4 hat keine Untergruppe der Ordnung 6.

c) A_4 ist die einzige Untergruppe der Ordnung 12 von S_4.

[Hinweis: Zu a) A_4 enthält genau drei Involutionen, die zusammen mit der Identität einen zu $\mathbb{Z}_2 \times \mathbb{Z}_2$ isomorphen Normalteiler von A_4 bilden.

Zu b) Hätte A_4 eine Untergruppe der Ordnung 6, so hätte sie auch einen Normalteiler der Ordnung 3 (siehe Aufgabe 3.19) und wäre damit isomorph zu einem direkten Produkt zweier abelscher Gruppen, also auch abelsch.

Zu c) Man benutze Satz 3.11 und Behauptung b).]

3.25 Sei G eine Gruppe und U eine Untergruppe von G. Man zeige, daß das halbdirekte Produkt von U mit G bezüglich der durch U induzierten Transformation $\psi : U \to \operatorname{Aut} G,\ u \mapsto \tau_u$ isomorph zum direkten Produkt von U und G ist. [Hinweis: $\{(u,u^{-1}) \mid u \in U\}$ und $\{1\} \times G$ sind zueinander komplementäre Normalteiler des halbdirekten Produktes $U \underset{\psi}{\times} G$.]

3.2 Die Bestimmung aller Gruppen einer Ordnung $\leqslant 15$

3.2.1 Vorbemerkungen

Durch die Bestimmung aller Gruppen einer Ordnung ≤ 15 werden einerseits die bisher entwickelten Methoden zur Strukturanalyse einer Gruppe gut demonstriert und andererseits (wegen gewisser stereotyper Probleme, die dabei auftreten) weitere strukturelle Untersuchungen motiviert.
Wir haben die Grenze bei der Ordnung 15 gesetzt, weil die Bestimmung aller Gruppen der Ordnung 16 in diesem Rahmen zu aufwendig wäre.

Die bisherigen Betrachtungen (insbesondere aus Abschnitt 3.1.4) haben gezeigt, daß es bei der Analyse von Gruppen auf das Finden von geeigneten Untergruppen (insbesondere Normalteilern) ankommt. Der Satz von Lagrange legt es daher nahe,

die in Frage kommenden Ordnungen der zu bestimmenden Gruppen nach ihrer Primfaktorzerlegung zu klassifizieren.

Hiernach zerfällt die Menge der natürlichen Zahlen ≤ 15 in die folgenden
sieben Klassen: 1; 2,3,4,7,11,13 (Primzahlen); 6,10,14 (Doppelte ungerader
Primzahlen); 4,9 (Primzahlquadrate); 8; 12; 15.
Die Gruppen, deren Ordnungen in die ersten vier dieser Klassen fallen, sind
bereits durch die Sätze 3.10, 3.13 und 3.24 bestimmt worden ($\mathbb{Z}_1$ ist trivialerweise bis auf Isomorphie die einzige Gruppe der Ordnung 1). Es bleiben also
die Einzelfälle der Ordnung 8,12,15 zu untersuchen. Dies geschieht in den
folgenden drei Abschnitten. Dabei wird jeweils eine Fallunterscheidung an-
gesetzt, aus der sich dann alle Gruppen der jeweiligen Ordnung ergeben. Die
konkreten Gruppen, die jeweils angegeben werden, sind dann auch paarweise
nicht isomorph, weil sie (wie man in jedem Fall leicht sieht) die Fallüber-
schriften, unter denen sie auftreten, erfüllen.
Wir verzichten im folgenden auf ausführliche Beweise und beschreiben statt
dessen die Argumentationen durch eine Reihe von Behauptungen, deren Begründung im einzelnen dem Leser überlassen bleibt.

3.2.2 Die Bestimmung aller Gruppen der Ordnung 8

Sei G eine Gruppe der Ordnung 8.

Fall 1: G ist zyklisch.
Dann ist G nach Satz 1.48 isomorph zu $\mathbb{Z}_8$.

Fall 2: G ist nicht zyklisch.

Fall 2.1: G ist Boolesch.
Dann ist G nach Satz 1.34 und Satz 1.31 isomorph zu B_3, also zu $\mathbb{Z}_2 \times \mathbb{Z}_2 \times \mathbb{Z}_2$.

Fall 2.2: G ist nicht Boolesch.
Dann hat G eine zyklische Untergruppe U=<u> (mit u∈G) der Ordnung 4, die
nach Satz 3.15 invariant ist.

Fall 2.2.1: G∼U enthält keine Involution.
Dann ist G isomorph zu Q_8 (siehe Aufgabe 3.23).

Fall 2.2.2: G∼U enthält eine Involution r.
Es gilt dann $u^r = u$ oder $u^r = u^{-1}$.

Fall 2.2.2.1: $u^r = u$.
Dann sind {1,r}, U zueinander komplementäre Normalteiler von G. Damit ist
nach Satz 3.23 G isomorph zu {1,r}×U, also zu $\mathbb{Z}_2 \times \mathbb{Z}_4$.

Fall 2.2.2.2: $u^r = u^{-1}$.

Dann ist G eine Diedergruppe (Definition 2.31 und Satz 2.32), also nach Satz 2.35 isomorph zu D_4.

Damit haben sich insgesamt fünf Gruppen der Ordnung 8 ergeben: $\mathbb{Z}_8$, $\mathbb{Z}_2 \times \mathbb{Z}_2 \times \mathbb{Z}_2$, Q_8, $\mathbb{Z}_2 \times \mathbb{Z}_4$, D_4.

3.2.3 Die Bestimmung aller Gruppen der Ordnung 12

Sei G eine Gruppe der Ordnung 12.

Fall 1: G ist zyklisch.
Dann ist G nach Satz 1.48 isomorph zu $\mathbb{Z}_{12}$.

Fall 2: G ist nicht zyklisch
G ist nicht Boolesch, da 12 keine Potenz von 2 ist (Satz 2.34 und Satz 1.31).

Fall 2.1: G hat keine Untergruppe der Ordnung 6.
Dann hat G eine Untergruppe der Ordnung 4 oder der Ordnung 3. Sei V eine Untergruppe der Ordnung 4 von G. Es gibt ein $a \in G \smallsetminus V$. Wegen $|V \cup V^a \cup Va| \leq 11$ gibt es ein $b \in G \smallsetminus (V \cup V^a \cup Va)$. Es gilt $G/V = \{V, Va, Vb\}$ und $Vb^2 = Va$, $Vab = V$, d.h. $b^3 \in V$. Also ist $o(b) \neq 4$ und damit $o(b) = 3$. Damit gibt es in jedem Fall eine Untergruppe der Ordnung 3 von G. Sei U eine Untergruppe der Ordnung 3 von G. U ist kein Normalteiler von G, denn sonst könnte man mit einer Involution (Satz 1.9) U zu einer Untergruppe der Ordnung 6 von G erweitern. Für jedes $a \in G$ ist $\phi_a : G/U \to G/U$, $T \mapsto Ta$ eine Permutation von G/U. Die Abbildung $G \to S(G/U)$, $a \mapsto \phi_a$ ist ein injektiver Homomorphismus von G in S(G/U). Also ist G isomorph zu einer Untergruppe von S(G/U). Wegen $|G/U| = 4$ ist S(G/U) isomorph zu S_4. Also ist G nach Aufgabe 3.24 c) isomorph zu A_4.

Fall 2.2: G hat eine Untergruppe der Ordnung 6.
Dann hat G auch einen Normalteiler N der Ordnung 3, und N ist die einzige Untergruppe der Ordnung 3 von G (Aufgabe 3.19, Satz 3.18).

Fall 2.2.1: G hat eine zyklische Untergruppe V der Ordnung 4.
Dann ist G isomorph zu einem halbdirekten Produkt von V und N (Satz 3.23). Da G nicht zyklisch ist, ist G auch nicht abelsch. Also ist G isomorph zu $M_{4,3}$ (Aufgabe 3.21).

Fall 2.2.2: G hat keine zyklische Untergruppe der Ordnung 4.
Dann haben alle Elemente $\neq 1$ von G die Ordnung 2, 3 oder 6. Insbesondere gilt $x^6 = 1$ für alle $x \in G$. Es gibt eine zyklische Untergruppe $W = \langle w \rangle$ (mit $w \in G$) der Ordnung 6 von G. Es gibt ein $c \in G \smallsetminus W$. Dann ist $r := c^3$ eine Involution aus $G \smallsetminus W$,

und es gilt $w^r = w$ oder $w^r = w^{-1}$.

Fall 2.2.2.1: $w^r = w$.

Dann sind $\{1,r\}$,W zueinander komplementäre Normalteiler von G. Damit ist nach
Satz 3.23 G isomorph zu $\{1,r\} \times W$, also zu $\mathbb{Z}_2 \times \mathbb{Z}_6$.

Fall 2.2.2.2: $w^r = w^{-1}$.

Dann ist G eine Diedergruppe (Definition 2.31 und Satz 2.32), also nach
Satz 2.35 isomorph zu D_6.

Damit haben sich insgesamt fünf Gruppen der Ordnung 12 ergeben: $\mathbb{Z}_{12}$, A_4,
$M_{4,3}$, $\mathbb{Z}_2 \times \mathbb{Z}_6$, D_6.

3.2.4 Die Bestimmung aller Gruppen der Ordnung 15

Sei G eine Gruppe der Ordnung 15.

Annahme: G ist nicht zyklisch.

Annahme: G hat keine Untergruppe der Ordnung 5.
Dann haben alle Elemente $\neq 1$ aus G die Ordnung 3. Es gibt eine Untergruppe U
der Ordnung 3 in G und Elemente $v,a,b \in G$ mit $G/U = \{U, Uv, Uv^2, Ua, Ub\}$. Es folgt
$Uav^2 = Ua$, $Ubv^2 = Ub$, also $v^2 \in U^a \cap U^b$. Daher ist $U^a = U^b$, also $U^{ab^{-1}} = U$. Damit ist
$U\langle ab^{-1}\rangle$ eine Untergruppe von G, und wegen $ab^{-1} \notin U$ gilt nach Folgerung 3.12 b)
$|U\langle ab^{-1}\rangle| = |U| \cdot |\langle ab^{-1}\rangle| = 9$ im Widerspruch zum Satz von Lagrange.

Also gibt es eine zyklische Untergruppe $W = \langle w\rangle$ (mit $w \in G$) der Ordnung 5 von G.
W ist die einzige Untergruppe der Ordnung 5 von G, da andernfalls eine 25-
elementige Teilmenge von G konstruierbar wäre (Folgerung 3.12 b)). Also ist
W Normalteiler von G und alle Elemente aus $G \setminus W$ haben die Ordnung 3. Es gibt
ein $c \in G \setminus W$. Dann gilt $w^c = w^k$ für ein $k \in \{1,2,3,4\}$. Wegen $c, cw \notin W$ gilt $c^3 = 1 = (cw)^3$,
und damit $1 = w^{c^2} w^c w = w^{k^2+k+1}$. Dies führt wegen $w^5 = 1$ zu einem Widerspruch.

Also ist G zyklisch und damit nach Satz 1.48 isomorph zu $\mathbb{Z}_{15}$.

3.2.5 Zusammenfassung

Damit gibt es bis auf Isomorphie genau die folgenden 28 (paarweise nicht isomorphen) Gruppen einer Ordnung ≤ 15:

Ordnung	1	2	3	4	5	6	7	8	9	10	11	12	13	14	15
Gruppen	$\mathbb{Z}_1$	$\mathbb{Z}_2$	$\mathbb{Z}_3$	$\mathbb{Z}_4$	$\mathbb{Z}_5$	$\mathbb{Z}_6$	$\mathbb{Z}_7$	$\mathbb{Z}_8$	$\mathbb{Z}_9$	$\mathbb{Z}_{10}$	$\mathbb{Z}_{11}$	$\mathbb{Z}_{12}$	$\mathbb{Z}_{13}$	$\mathbb{Z}_{14}$	$\mathbb{Z}_{15}$
				$\mathbb{Z}_2 \times \mathbb{Z}_2$		D_3		$\mathbb{Z}_2 \times \mathbb{Z}_2 \times \mathbb{Z}_2$	$\mathbb{Z}_3 \times \mathbb{Z}_3$	D_5		A_4		D_7	
								Q_8				$M_{4,3}$			
								$\mathbb{Z}_2 \times \mathbb{Z}_4$				$\mathbb{Z}_2 \times \mathbb{Z}_6$			
								D_4				D_6			

Es zeigten sich bei dieser Bestimmung gewisse Schwierigkeiten, die immer wieder auftreten und deren Beseitigung weitere strukturelle Untersuchungen erfordern:

Erstens sollte der Umgang mit Nebenklassen erleichtert werden. Dies geschieht im nächsten Abschnitt mit Hilfe des Begriffs der Faktorgruppe.

Zweitens wäre es von Nutzen, mindestens einen vollständigen Überblick über die endlichen abelschen Gruppen zu gewinnen (die ja einfacher gebaut sind als die nicht-abelschen Gruppen). Dies geschieht in Abschnitt 4.

Drittens fällt auf, wie notwendig es ist, Untergruppen gewünschter Ordnungen zu konstruieren. Die einzige Methode der Konstruktion von Untergruppen ist bislang praktisch die Erzeugnisbildung. Hier schafft der Satz von Cauchy aus Abschnitt 5 Abhilfe. Er erlaubt die Konstruktion von Untergruppen beliebiger Primzahlpotenzordnung.

AUFGABEN

3.26 Man bestimme alle Gruppen einer Ordnung ≥ 17 und ≤ 23.

[Hinweis: Bei den Gruppen der Ordnung 18 verwende man Aufgabe 2.12. Bei den Gruppen der Ordnung 20 zeige man zunächst, daß jede solche Gruppe genau eine Untergruppe der Ordnung 5 hat und gehe dann wie bei den Gruppen der Ordnung 12 vor. Bei den Gruppen der Ordnung 21 gehe man ähnlich wie bei den Gruppen der Ordnung 15 vor.]

3.27 Man bestimme alle Gruppen der Ordnung 30.

3.28 Man zeige, daß $\mathbb{Z}_{35}$ bis auf Isomorphie die einzige Gruppe der Ordnung 35 ist.

[Hinweis: Man zähle die Vereinigung aller Untergruppen der Ordnung 5 einer Gruppe G der Ordnung 35 ab und zeige so, daß G eine Untergruppe der Ordnung 7 haben muß. Dann gehe man ähnlich wie bei den Gruppen der Ordnung 15 vor.]

3.3 Faktorgruppen und Homomorphiesatz

3.3.1 Faktorgruppen

3.25 SATZ (*Die Faktorisierung*) Für jede Gruppe G und jeden Normalteiler N von G ist G/N mit dem Mengenprodukt als Verknüpfung eine Gruppe, und G → G/N, $x \mapsto Nx$ ist ein Homomorphismus von G auf G/N.

Beweis. Sei G eine Gruppe und N ein Normalteiler von G. Dann ist für alle $x \in G$: Nx=xN. Also gilt für alle $x,y \in G$: NxNy=NNxy=Nxy, d.h. die Abbildung G → G/N, $x \mapsto Nx$ ist ein Homomorphismus von G in G/N. Trivialerweise ist diese Abbildung surjektiv. Also ist auch G/N eine Gruppe (Hilfssatz 1.24 a)). #

3.26 DEFINITION Sei G eine Gruppe und N ein Normalteiler von G. Dann heißt die Gruppe G/N (deren Elemente also die Nebenklassen von N in G sind und deren Verknüpfung das Mengenprodukt ist) die *Faktorgruppe von* G *nach* N.
Die Abbildung G → G/N, $x \mapsto Nx$ heißt der *kanonische Homomorphismus* von G auf G/N.

Sei G eine Gruppe und N ein Normalteiler von G. Mit den Elementen aus G/N, d.h. mit den Nebenklassen von N, wird in der Gruppe G/N *repräsentantenweise* gerechnet: Es ist für alle $x,y \in N$ NxNy=Nxy, $(Nx)^{-1}=x^{-1}N^{-1}=x^{-1}N=Nx^{-1}$ (Nx^{-1} ist invers zu Nx). Das neutrale Element von G/N ist die Nebenklasse N=N1.

Für die trivialen Normalteiler einer Gruppe G erhält man die *trivialen Faktorgruppen*: G/G ist eine Einsgruppe, und G/{1} ist eine zu G isomorphe Gruppe (ihre Elemente sind die einelementigen Mengen {x} mit $x \in G$).

Ist G eine endliche Gruppe und N ein Normalteiler von G, so ist die Ordnung von G/N offenbar der Index von N in G.

Die Faktorisierung einer Gruppe G nach einem Normalteiler N ist so etwas wie eine strukturelle Division, und die Struktur der Faktorgruppe G/N ist eine "Vergröberung" der Struktur von G, d.h. man kann das Rechnen in G/N als ein Rechnen mit "Merkmalen" auffassen. Aus der Arithmetik kennt man dieses Phänomen: Faßt man die Faustregel für das Rechnen mit "gerade" und "ungerade" oder mit "+" und "-" in Tabellen zusammen, so erhält man die Verknüpfungstafeln für die Gruppe $\mathbb{Z}/2\mathbb{Z}$ bzw. $\mathbb{R}\setminus\{0\}/\mathbb{R}_{>0}$, die beide isomorph zu $\mathbb{Z}_2$ sind.

+	gerade	ungerade
gerade	gerade	ungerade
ungerade	ungerade	gerade

·	+	-
+	+	-
-	-	+

Hierbei wird also das Merkmal "gerade" als die Menge $2\mathbb{Z}$ und das Merkmal "ungerade" als die Menge $2\mathbb{Z}+1$ definiert (es ist $\mathbb{Z}/2\mathbb{Z}=\{2\mathbb{Z},2\mathbb{Z}+1\}$), und entsprechend wird das Merkmal "positiv" als die Menge $\mathbb{R}_{>0}$ und das Merkmal "negativ" als die Menge $\mathbb{R}_{>0}\cdot(-1)=\mathbb{R}_{<0}$ definiert (es ist $\mathbb{R}\setminus\{0\}/\mathbb{R}_{>0}=$ $=\{\mathbb{R}_{>0},\mathbb{R}_{<0}\}$).
Ebenso kann man (für jedes $n\in\mathbb{N}$ mit $n\geq2$) das Rechnen in der Faktorgruppe S_n/A_n als das Rechnen mit den Merkmalen "gerade" und "ungerade" für Permutationen auffassen.

Das in Abschnitt 1.1.3 eingeführte "Modulo-Rechnen" ist stets durch eine geeignete Faktorisierung beschreibbar. Insbesondere gilt für die Restegruppen, wie man leicht nachprüft:

3.27 SATZ (*Die Restegruppen als Faktorgruppen in* $\mathbb{Z}$) Für jedes $n\in\mathbb{N}$ gilt $\mathbb{Z}_n\simeq\mathbb{Z}/n\mathbb{Z}$.

Dieser Satz zeigt, wie die Restegruppen modulo n mit $n\in\mathbb{N}$ entstehen: Durch Obertragen der Verknüpfung der Faktorgruppe $\mathbb{Z}/n\mathbb{Z}$ auf ein gewisses ausgezeichnetes Repräsentantensystem von $\mathbb{Z}/n\mathbb{Z}$, nämlich $\mathbb{Z}_n$.

Die Faktorisierung ist also eine Gruppenkonstruktion, die auch in solchen Fällen funktioniert, wo es für die betrachteten "Merkmale" (also Nebenklassen) keine kanonischen Repräsentanten gibt.

Ist N Normalteiler einer Gruppe G, so gilt für alle $x\in G$ und $m\in\mathbb{Z}$ offenbar $(Nx)^m=Nx^m$. Hieraus ergibt sich zusammen mit dem kleinen Satz von Fermat für Gruppen:

3.28 FOLGERUNG (*Kleiner Satz von Fermat für Faktorgruppen*) Sei G eine Gruppe und N ein Normalteiler von G von endlichem Index in G. Dann gilt für alle $x\in G$: $x^{|G/N|}\in N$.

Der folgende Satz ist ein weiteres Beispiel dafür, wie man durch Rechnungen in einer Faktorgruppe Rückschlüsse auf die Ausgangsgruppe ziehen kann.

3.29 SATZ (*Ein Kriterium für abelsche Gruppen*) Sei G eine Gruppe und N eine Untergruppe des Zentrums von G mit zyklischer Faktorgruppe G/N. Dann ist G abelsch.

Beweis. Sei G eine Gruppe und N eine Untergruppe des Zentrums von G, und die Faktorgruppe G/N sei zyklisch. Dann gibt es ein $a\in G$, so daß die Nebenklasse Na die Gruppe G/N erzeugt. Seien nun $x,y\in G$. Dann gibt es $m,n\in\mathbb{Z}$ mit $Nx=(Na)^m=$ $=Na^m$ und $Ny=(Na)^n=Na^n$. Also gibt es $u,v\in N$ mit $x=ua^m$ und $y=va^n$. Da u,v zentrale Elemente von G sind, gilt: $xy=ua^mva^n=uva^ma^n=uva^{m+n}=uva^{n+m}=uva^na^m=va^nua^m=yx$.

Also sind je zwei Elemente von G vertauschbar, d.h. G ist abelsch. #

Zusammen mit Folgerung 3.9 folgt hieraus:

3.30 FOLGERUNG Für keine Gruppe G ist der Index von C(G) in G eine Primzahl.

Die Rechtsnebenklassen einer Untergruppe U einer Gruppe G bilden eine Klasseneinteilung von G, nämlich G/U. Die Äquivalenzrelation, die zu dieser Klasseneinteilung gehört, ist die durch

$$x \underset{U}{\sim} y \quad , \quad \text{wenn} \quad xy^{-1} \in U \quad \text{(für alle } x,y \in G\text{)}$$

definierte Relation $\underset{U}{\sim}$ auf G. Ist U ein Normalteiler, so ist die zugehörige Relation $\underset{U}{\sim}$ eine sogenannte Kongruenzrelation auf G (siehe die Aufgaben 3.34 und 3.35). Man kann bei der Konstruktion der Faktorisierung auch von solchen Kongruenzrelationen (statt von Normalteilern) ausgehen. Dieser Weg hat den Vorteil der Verallgemeinerungsfähigkeit, denn er ist auch bei anderen mathematischen Strukturen anwendbar, wo es etwas zu Normalteilern Analoges nicht zu geben braucht.

Im konkreten Beispiel der Gruppe $\mathbb{Z}$ sind die zu den Untergruppen $m\mathbb{Z}$ mit $m \in \mathbb{N}_0$ gehörigen Kongruenzrelationen die sogenannten *Kongruenzrelationen modulo* m: Beliebige $x,y \in \mathbb{Z}$ heißen *kongruent modulo* m (in Zeichen: $x \equiv y \pmod m$), wenn $x-y \in m\mathbb{Z}$ gilt.
$x \equiv y \pmod m$ bedeutet also: x,y liegen in derselben Nebenklasse (oder auch *Restklasse*) von $m\mathbb{Z}$ bzw. x,y lassen bei Division durch m denselben Rest bzw. m teilt $x-y$.
C.F.Gauß hat diese Relation eingeführt und dadurch eine wesentliche Vereinfachung der Begriffsbildung und Rechentechnik in der Zahlentheorie erlangt.

AUFGABEN

3.29 Man zeige, daß für jede Gruppe G und jede Untergruppe U von G gilt:
U ist genau dann ein Normalteiler von G, wenn G/U gegen das Mengenprodukt abgeschlossen ist.

3.30 Sei G eine endliche Gruppe und $\mathfrak{M}$ eine Menge von nicht-leeren Teilmengen von G mit $\underset{M \in \mathfrak{M}}{\bigcup} M = G$. Man zeige: Ist $\mathfrak{M}$ mit dem Mengenprodukt als Verknüpfung eine Gruppe, so ist $\mathfrak{M}$ eine Faktorgruppe von G.
[Hinweis: Man zeige, daß das neutrale Element von $\mathfrak{M}$ eine Untergruppe U von G ist mit $\mathfrak{M}=G/U$ und wende Aufgabe 3.29 an.]

3.31 Man zeige: $\mathbb{Q}/\mathbb{Z} \simeq \mathbb{Q}/2\mathbb{Z}$.

3.32 Man zeige für jede Gruppe G:
a) Die Kommutatorgruppe G' von G ist der kleinste Normalteiler von G, dessen

Faktorgruppe abelsch ist, d.h. für alle Normalteiler N von G ist G/N genau dann abelsch, wenn $G' \subseteq N$ gilt.

b) Alle G' umfassenden Untergruppen von G sind Normalteiler von G.

3.33 Man zeige für jede Gruppe G: $\langle\{x^2|x\in G\}\rangle$ ist ein Normalteiler von G mit Boolescher Faktorgruppe, und beweise hiermit (und mit Aufgabe 3.32 a)) noch einmal die Aussage von Aufgabe 1.47: $G' \subseteq \langle\{x^2|x\in G\}\rangle$.

3.34 Sei G eine Gruppe. Eine Relation R auf G heißt *rechts- (bzw. links-) verträglich* wenn sie die Eigenschaft:

   Für $x,y,z\in G$ folgt aus xRy stets xzRyz   (bzw. zxRzy)

besitzt. Eine rechts- und linksverträgliche Äquivalenzrelation auf G heißt eine *Kongruenzrelation auf* G. Für eine beliebige Teilmenge T von G werde die Reltaion $\underset{T}{\approx}$ auf G durch:

   $x \underset{T}{\approx} y$, wenn $xy^{-1}\in T$ (für alle $x,y\in T$)

definiert. Man zeige:

Die Abbildung, die jeder Teilmenge T von G die Relation $\underset{T}{\approx}$ zuordnet, ist eine bijektive Abbildung von $\mathbf{P}(G)$ auf die Menge aller rechtsverträglichen Relationen auf G.

3.35 Sei G eine Gruppe und $T \subseteq G$. Man zeige:

a) $\underset{T}{\approx}$ ist reflexiv genau dann, wenn $1\in T$.

b) $\underset{T}{\approx}$ ist symmetrisch genau dann, wenn $T^{-1} \subseteq T$.

c) $\underset{T}{\approx}$ ist transitiv genau dann, wenn $TT \subseteq T$.

d) $\underset{T}{\approx}$ ist eine Äquivalenzrelation genau dann, wenn T eine Untergruppe von G ist.

e) $\underset{T}{\approx}$ ist linksverträglich genau dann, wenn T invariant unter G ist.

f) $\underset{T}{\approx}$ ist eine Kongruenzrelation genau dann, wenn T ein Normalteiler von G ist.

3.36 Sei G eine Gruppe. Man beschreibe diejenigen Teilmengen T von G, für die $\underset{T}{\approx}$ eine Ordnungsrelation auf G ist. (Man betrachte hierzu insbesondere die Relation $\leq$ auf $\mathbb{Z}$.)

3.3.2 Der Homomorphiesatz

Nach Satz 3.25 ist eine Faktorgruppe einer Gruppe stets homomorphes Bild dieser Gruppe (nämlich bei einem kanonischen Homomorphismus). Hiervon gilt auch die Umkehrung, wie der Homomorphiesatz besagt. Zu seiner Vorbereitung führen wird den Begriff des Kerns eines Homomorphismus ein.

3.31 DEFINITION Sei G eine Gruppe und ϕ ein Homomorphismus von G in ein Verknüpfungsgebilde. Dann heißt die Menge Kern $\phi :=\{x|x\in G,\ x\phi=1\phi\}$, also das volle Urbild von $\{1\phi\}$ bei ϕ, der *Kern von* ϕ.

Wie man leicht zeigt, gilt:

3.32 HILFSSATZ (*Der Kern eines Homomorphismus*) Sei G eine Gruppe und ϕ ein Homomorphismus von G in ein Verknüpfungsgebilde. Dann ist Kern ϕ ein Normalteiler von G, und es gilt:
a) ϕ ist genau dann injektiv, wenn Kern $\phi = \{1\}$.
b) ϕ ist genau dann trivial, wenn Kern $\phi = G$.

Dieser Hilfssatz liefert eine Methode, mit der man Normalteiler finden kann, nämlich als Kerne von Homomorphismen (siehe Satz 3.38).

3.33 SATZ (*Homomorphiesatz*) Sei G eine Gruppe und ϕ ein Homomorphismus von G in ein Verknüpfungsgebilde. Dann gibt es einen Isomorphismus ψ von der Faktorgruppe G/Kern ϕ auf die Bildgruppe Gϕ mit $\phi = \kappa\psi$, wobei κ der kanonische Homomorphismus von G auf G/Kern ϕ ist. Insbesondere gilt also G/Kern $\phi \simeq$ Gϕ.

Beweis. Sei G eine Gruppe und ϕ ein Homomorphismus von G in ein Verknüpfungsgebilde. Nach Hilfssatz 1.24 a) ist dann G$\phi := \{x\phi \mid x \in G\}$ eine Gruppe. Für alle $x,y \in G$ sind die folgenden Aussagen der Reihe nach äquivalent: (Kern ϕ)x= =(Kern ϕ)y ; $xy^{-1} \in$ Kern ϕ ; $(xy^{-1})\phi = 1\phi$; $x\phi = y\phi$. Also ist (Kern ϕ)x $\mapsto x\phi$ eine injektive Abbildung von G/Kern ϕ in Gϕ; sie heiße ψ. ψ ist offenbar auch surjektiv. Für alle $x,y \in G$ gilt ((Kern ϕ)x(Kern ϕ)y)ψ=((Kern ϕ)xy)ψ=(xy)ϕ= =xϕyϕ=((Kern ϕ)x)ψ((Kern ϕ)y)ψ. Also ist ψ ein Isomorphismus von G/Kern ϕ auf Gϕ. Offenbar gilt $\phi = \kappa\psi$, wobei κ der kanonische Homomorphismus von G auf G/Kern ϕ sei. #

Der Homomorphiesatz besagt also, daß man einen Homomorphismus immer in einen kanonischen Homomorphismus und einen Isomorphismus "zerlegen" kann. Zusammen mit Satz 3.25 besagt der Homomorphiesatz außerdem, daß die homomorphen Bilder einer Gruppe bis auf Isomorphie genau ihre Faktorgruppen sind.

Ist ϕ ein Homomorphismus von einer Gruppe G auf eine Gruppe H, so sind nach Hilfssatz 1.24 die Untergruppen von H genau die Bilder der Untergruppen von G bei ϕ. Genauer gilt, wie man leicht sieht:

> Die Abbildung $\bar{\phi}$ die jeder Kern ϕ umfassenden Untergruppe von G ihr ϕ-Bild zuordnet, ist eine bijektive inklusionstreue Abbildung von der Menge der Kern ϕ umfassenden Untergruppen von G auf die Menge der Untergruppen von H. Bei $\bar{\phi}$ (und ihrer Umkehrabbildung) gehen Normalteiler wieder in Normalteiler über.

Nach dem Homomorphiesatz kann man dann die Untergruppen einer Faktorgruppe entsprechend beschreiben.

Eine einfache aber wichtige Folgerung des Homomorphiesatzes (und des Satzes von Lagrange) ist:

3.34 FOLGERUNG Die Ordnung eines homomorphen Bildes einer endlichen Gruppe ist stets ein Teiler der Ordnung dieser Gruppe.

Der Homomorphiesatz hat zahlreiche Anwendungen in der Gruppentheorie, von denen wir hier einige herausgreifen (siehe auch die Aufgaben dieses Abschnittes).

Ist G eine Gruppe, so ist die Abbildung, die jedem $a \in G$ den inneren Automorphismus τ_a von G zuordnet, ein Homomorphismus von G auf die Gruppe $\mathrm{IAut}\,G$ der inneren Automorphismen von G, dessen Kern offenbar das Zentrum $C(G)$ von G ist (siehe Abschnitt 2.2.1). Somit gilt nach dem Homomorphiesatz:

3.35 FOLGERUNG (*Die Struktur der Gruppe der inneren Automorphismen einer Gruppe*) Für jede Gruppe G gilt $G/C(G) \simeq \mathrm{IAut}\,G$.

Hiernach und nach Satz 3.29 ist also $\mathrm{IAut}\,G$ für keine Gruppe G eine nichttriviale zyklische Gruppe (siehe Aufgabe 3.40).

Der folgende Satz ist die strukturelle Form der Aussage von Satz 3.11:

3.36 SATZ (*Isomorphiesatz*) Für jede Gruppe G, jeden Normalteiler N und jede Untergruppe U von G gilt $NU/N \simeq U/U \cap N$.

Beweis. Sei G eine Gruppe, N ein Normalteiler und U eine Untergruppe von G. Dann ist nach Satz 3.16 NU eine Untergruppe von G und $U \cap N$ ein Normalteiler von U. Offenbar ist N auch Normalteiler von NU. Sei κ der kanonische Homomorphismus von NU auf NU/N und ϕ die Einschränkung von κ auf U. Dann ist ϕ offenbar ein Homomorphismus von U auf NU/N. Für alle $u \in U$ sind die folgenden Aussagen der Reihe nach äquivalent: $u \in \mathrm{Kern}\,\phi$; $u\phi = 1\phi$; $Nu = N$; $u \in N$; $u \in U \cap N$. Also ist $\mathrm{Kern}\,\phi = U \cap N$. Es gilt daher nach dem Homomorphiesatz: $NU/N = U\phi \simeq$ $\simeq U/\mathrm{Kern}\,\phi = U/U \cap N$. #

Die Idee des Satzes von Cayley ist es, die Elemente einer Gruppe als Rechtsschiebungen auf der Gruppe operieren zu lassen, womit man eine isomorphe Einbettung der Gruppe in eine symmetrische Gruppe erhält. Man kann aber auch allgemeiner die Elemente einer Gruppe als Rechtsschiebungen auf Teilmengen der Gruppe (z.B. Nebenklassen) operieren lassen, und erhält damit einen Homomorphismus von der Gruppe in eine symmetrische Gruppe. Diese Idee wurde bereits mehrfach angewandt, z.B. im Beweis von Satz 3.24 und bei der Bestimmung aller Gruppen der Ordnung 15 (Abschnitt 3.2.4); wir halten sie in dem folgenden leicht zu beweisenden Satz fest:

3.37 SATZ (*Verallgemeinerter Satz von Cayley*) Sei G eine Gruppe und U eine

Untergruppe von G. Dann ist $\phi_a:G/U \to G/U$, $T \to Ta$ für jedes $a\in G$ eine Permutation von G/U, und die Abbildung ψ, die jedem $a\in G$ die "Rechtsschiebung" ϕ_a zuordnet, ist ein Homomorphismus von G in S(G/U) mit Kern $\psi \subseteq U$.

Dieser Satz liefert nun ein nützliches hinreichnendes Kriterium für die Existenz von Normalteilern, das vor allem bei Gruppen mit überschaubarer Ordnung oft anwendbar ist:

3.38 SATZ (*Existenz von Normalteilern*) Sei G eine endliche Gruppe und U eine Untergruppe von G.

a) Sei m der größte gemeinsame Teiler von $|U|$ und $(|G/U|-1)!$. Dann gibt es einen in U enthaltenen Normalteiler von G, dessen Ordnung von $\frac{|U|}{m}$ geteilt wird.

b) Ist der kleinste Primteiler von $|U|$ nicht kleiner als $|G/U|$, so ist U ein Normalteiler von G.

c) Ist der größte Primteiler von $|U|$ nicht kleiner als $|G/U|$, so enthält U einen Normalteiler $\neq\{1\}$ von G.

Beweis. Sei G eine endliche Gruppe und U eine Untergruppe von G. Sei m der größte gemeinsame Teiler von $|U|$ und $(|G/U|-1)!$.

Zu a) Nach Satz 3.37 gibt es einen Homomorphismus ψ von G in S(G/U) mit Kern $\psi \subseteq U$. Nach dem Homomorphiesatz gilt für die Bildgruppe $G\psi$: $G/\text{Kern }\psi \simeq$ $\simeq G\psi$. $G\psi$ ist eine Untergruppe von S(G/U). Also folgt nach dem Satz von Lagrange: $\frac{|G|}{|\text{Kern }\psi|} = |G/\text{Kern }\psi| = |G\psi|$ ist ein Teiler von $|G|$ und von $|S(G/U)|=|G/U|!$. Da Kern ψ eine Untergruppe von U ist, ist $|\text{Kern }\psi|$ ein Teiler von $|U|$. Daher folgt: $\frac{|U|}{|\text{Kern }\psi|} = \frac{|G|}{|\text{Kern }\psi|} \cdot \frac{|U|}{|G|}$ ist ein Teiler von $|U|=|G|\cdot\frac{|U|}{|G|}$ und von $(|G/U|-1)! = |G/U|!\cdot\frac{|U|}{|G|}$. Damit teilt $\frac{|U|}{|\text{Kern }\psi|}$ auch den größten gemeinsamen Teiler von $|U|$ und $(|G/U|-1)!$. Also teilt $\frac{|U|}{m}$ die Ordnung des in U enthaltenen Normalteilers Kern ψ von G.

Zu b) Alle in $(|G/U|-1)!$ aufgehenden Primzahlen sind offenbar $\leq|G/U|-1$. Ist also der kleinste Primteiler von $|U|$ nicht kleiner als $|G/U|$, so ist m=1. Nach a) gibt es einen in U enthaltenen Normalteiler von G, dessen Ordnung von $\frac{|U|}{1} = |U|$ geteilt wird, also mindestens $|U|$ ist. Also ist dieser Normalteiler U selbst.

Zu c) Ist der größte Primteiler von $|U|$ nicht kleiner als $|G/U|$, so folgt ebenso wie bei b), daß $m < |U|$ also $1 < \frac{|U|}{m}$ ist, woraus sich die Behauptung ergibt. #

Eine unmittelbare Folgerung von Teil b) dieses Satzes ist:

3.39 FOLGERUNG Sei G eine endliche Gruppe und U eine Untergruppe von G, deren Index in G der kleinste Primteiler von $|G|$ ist. Dann ist U ein Normalteiler von G.

Hiervon wiederum ist Satz 3.15 ein Spezialfall.

AUFGABEN

3.37 Gibt es einen Homomorphismus von S_3 auf $\mathbb{Z}_3$? Gibt es einen nicht-trivialen Homomorphismus von A_4 in $\mathbb{Z}_2 \times \mathbb{Z}_2$?

3.38 Man zeige, daß jeder nicht-triviale Endomorphismus von $\mathbb{Z}$ injektiv ist. [Hinweis: Man zeige zunächst, daß für jeden Endomorphismus ϕ von $\mathbb{Z}$ und für alle $m,n \in \mathbb{Z}$ gilt: $m(n\phi)=n(m\phi)$.]

3.39 Man zeige, daß der Kern eines Homomorphismus von einer Gruppe G in eine abelsche Gruppe stets die Kommutatorgruppe G' umfaßt (siehe Aufgabe 3.32).

3.40 Man zeige, daß die Automorphismengruppe einer endlichen Gruppe nie eine nicht-triviale zyklische Gruppe ungerader Ordnung sein kann (siehe Satz 3.29 und Folgerung 3.35).

3.41 Sei G eine endliche Gruppe, N ein Normalteiler von G mit trivialem Zentrum und U eine Untergruppe von G mit UN=G. Man zeige: Sind $|U|,|\text{Aut } N|$ teilerfremd, so ist $G \simeq U \times N$ (siehe Satz 3.23).

3.42 Sei G eine Gruppe, und seien α,β Homomorphismen von G in ein Verknüpfungsgebilde. Man zeige: Genau dann gibt es einen Isomorphismus ϕ von $G\alpha$ auf $G\beta$ mit $\alpha\phi=\beta$, wenn Kern α = Kern β.

3.43 Man zeige, daß die zyklischen Gruppen bis auf Isomorphie genau die Faktorgruppen von $\mathbb{Z}$ sind.

3.44 Man zeige die folgende "Kürzungsregel": Für alle Gruppen G und Normalteiler N,H von G mit $N \subseteq H$ gilt $(G/N)/(H/N) \simeq G/H$.

3.45 Man zeige, daß für jede Gruppe G gilt: Ist U eine Untergruppe von G und N ein normales Komplement von U in G, so ist $U \simeq G/N$.

3.46 Man beweise die Aussage: Für alle Normalteiler M,N einer beliebigen Gruppe gilt: $MN/M \cap N \simeq (MN/M) \times (MN/N)$
a) direkt mit dem Homomorphiesatz;
b) mit dem Isomorphiesatz und Satz 3.23.

3.47 Sei G eine Gruppe, und seien M,N Normalteiler von G. Man zeige: Ist $M \cap N=\{1\}$, so ist G isomorph zu einer Untergruppe von $G/M \times G/N$.

3.48 Man zeige, daß jede Untergruppe der Ordnung 9 einer Gruppe der Ordnung 36 einen nicht-trivialen Normalteiler dieser Gruppe enthält.

3.49 Die Abbildung von einem direkten Produkt G×H zweier Gruppen G,H in sich, die jedes Element $(x,y) \in G \times H$ auf $(x,1)$ abbildet (also auf die erste Komponente "projeziert") ist ein idempotenter Endomorphismus ϕ von G×H, d.h. es gilt $\phi^2 = \phi$, oder anders ausgedrückt, die Einschränkung von ϕ auf die Bildgruppe ist die Identität.

ϕ liefert die direkte Zerlegung von G×H, denn die Bildgruppe bei ϕ ist G×{1} und der Kern von ϕ ist {1}×H. (Man veranschauliche sich diesen Sachverhalt am Beispiel des direkten Produktes $\mathbb{R} \times \mathbb{R}$, der "Koordinatenebene".)

Man definiert daher: Ein Endomorphismus ϕ einer Gruppe G, dessen Einschränkung auf Gϕ bijektiv (die Identität) ist, heißt eine *verallgemeinerte Projektion* (*Projektion*) von G.

Sei G eine Gruppe. Man zeige:

a) Ist U eine Untergruppe von G und N ein normales Komplement von U in G, so gibt es eine Projektion ϕ von G mit U=Gϕ und N=Kern ϕ.

b) Ist ϕ eine verallgemeinerte Projektion von G, so ist Kern ϕ ein normales Komplement von Gϕ in G.

3.50 Sei G eine endliche Gruppe und ϕ ein Endomorphismus von G. Man zeige, daß die folgenden drei Aussagen zueinander äquivalent sind:

ϕ ist verallgemeinerte Projektion von G; Kern ϕ =Kern ϕ^2 ; Bild ϕ =Bild ϕ^2.

3.51 Sei G eine abelsche Gruppe der Ordnung 12. Man untersuche, für welche $m \in \mathbb{Z}_{12}$ die Abbildung $\pi_m : G \to G$, $x \mapsto x^m$

a) ein Automorphismus von G

b) eine Projektion von G

c) eine verallgemeinerte Projektion von G

ist.

3.52 Sei G eine Gruppe und ϕ eine Projektion von G. Man zeige:

a) Die Abbildung $\sigma : G \to G$, $x \mapsto x\phi x^{-1} x\phi$ ist selbstinvers.

b) σ ist genau dann ein Automorphismus von G, wenn Kern ϕ abelsch ist.

σ heißt die zu ϕ gehörige *Spiegelung*.

4 ZYKLISCHE UND ABELSCHE GRUPPEN (GRUPPEN UND ZAHLENTHEORIE)

4.1 Zyklische Gruppen

In diesem Abschnitt wird die Struktur der endlichen zyklischen und abelschen Gruppen vollständig geklärt, wobei sich herausstellt, daß man die Analyse der endlichen abelschen Gruppen auf die der endlichen zyklischen Gruppen zurückführen kann. Die Analyse der zyklischen Gruppen wiederum geschieht im wesentlichen durch elementare zahlentheoretische Überlegungen. Überhaupt besteht ein enger Zusammenhang zwischen elementarer Zahlen- und Gruppentheorie, der sich vor allem auf die vier folgenden Phänomene gründet:

1.) Die Vervielfachung von Gruppenelementen, die das Rechnen in Gruppen teilweise auf das Rechnen in $\mathbb{Z}$ zurückspielt. (Siehe Abschnitt 1.4.2, 1.4.3)

2.) Der Satz von Lagrange, durch den die Teiler einer Gruppenordnung als die einzig möglichen Ordnungen von Untergruppen ausgezeichnet werden. (Siehe Abschnitt 3.1.2)

3.) Die Korrespondenz zwischen der Teilerbeziehung und der Untergruppenbeziehung in $\mathbb{Z}$, die einerseits gruppentheoretische Beweise für Teilbarkeitsaussagen ermöglicht und andererseits zahlentheoretische Hilfsmittel zur Behandlung zyklischer Gruppen liefert. (Siehe Abschnitt 4.1)

4.) Die Idee der Primfaktorzerlegung, die weitgehend auf zyklische und abelsche Gruppen übertragbar ist. (Siehe Abschnitt 4.1.2, 4.3)

4.1.1 Die Untergruppen zyklischer Gruppen und die Teilerbeziehung

4.1 SATZ (*Untergruppen zyklischer Gruppen*) Die Untergruppen einer zyklischen Gruppe sind stets wieder zyklisch.
Speziell sind die Untergruppen von $\mathbb{Z}$ genau die Gruppen $m\mathbb{Z}$ mit $m\in\mathbb{N}_0$.

Beweis. Sei $G=\langle a\rangle$ eine zyklische Gruppe und U eine Untergruppe von G. Ist U die Einsuntergruppe, so ist $U=\{1\}=\langle 1\rangle$, also zyklisch.
Sei also jetzt U nicht die Einsgruppe. Dann gibt es ein $v\in U\setminus\{1\}$. Für ein geeignetes $k\in\mathbb{Z}\setminus\{0\}$ ist $a^k=v$. Da auch $a^{-k}=v^{-1}\in U$ ist und da $k\in\mathbb{N}$ oder $-k\in\mathbb{N}$ ist, gibt es ein $n\in\mathbb{N}$ mit $a^n\in U$. Also ist $E_U:=\{n\,|\,n\in\mathbb{N}, a^n\in U\}\neq\emptyset$. Sei nun $m:=\min E_U$. Dann ist $a^m\in U$, also $\langle a^m\rangle\subseteq U$. Wir zeigen, daß auch $U\subseteq\langle a^m\rangle$ gilt. Sei also $u\in U$. Dann gibt es ein $n\in\mathbb{Z}$ mit $u=a^n$. Dividiert man n durch m mit Rest, so erhält man $n=lm+r$ für gewisse $l,r\in\mathbb{Z}$ mit $0\leq r<m$. Es folgt $u=a^n=a^{lm+r}=(a^m)^l a^r$, und daher (wegen $u,a^m\in U$) $a^r\in U$. Wegen $r<m$ und der Minimaltität von m ist $r\notin E_U$, also (da $a^r\in U$) $r\notin\mathbb{N}$. Damit folgt $r=0$ (wegen $0\leq r$). Es ist also $u=(a^m)^l a^0=(a^m)^l\in\langle a^m\rangle$. Somit gilt $U=\langle a^m\rangle$, d.h. U ist zyklisch.

Da $\mathbb{Z}$ eine zyklische Gruppe ist, wird jede Untergruppe von $\mathbb{Z}$ von einem Element $k \in \mathbb{Z}$ erzeugt, und es gilt $<k>=k\mathbb{Z}=(-k)\mathbb{Z}$ (und $k \in \mathbb{N}_0$ oder $-k \in \mathbb{N}_0$). Also sind die Untergruppen von $\mathbb{Z}$ genau die Gruppen $m\mathbb{Z}$ mit $m \in \mathbb{N}_0$. #

Wir haben bisher die Teilerbeziehung, also die Relation "m teilt n" für ganze Zahlen m,n naiv verwendet. Nun wollen wir einige damit verbundene Begriffsbildungen und Schlußweisen kursorisch behandeln.

Daß eine ganze Zahl m eine ganze Zahl n teilt - man schreibt dafür üblicherweise m|n -, bedeutet, daß es eine ganze Zahl k gibt mit mk=n. Bezieht man das Bruchrechnen mit ein, so kann man (falls $m \neq 0$) statt m|n auch $\frac{n}{m} \in \mathbb{Z}$ schreiben, was bei manchen Rechnungen bequem ist.

Für beliebige $m,n \in \mathbb{Z}$ sind offenbar die folgenden Aussagen der Reihe nach äquivalent: m|n ; $n \in m\mathbb{Z}$; $<n> \subseteq m\mathbb{Z}$; $m\mathbb{Z} \supseteq n\mathbb{Z}$. Das heißt: Die Relation | korrespondiert mit der Relation $\supseteq$ für Untergruppen von $\mathbb{Z}$. Diese fundamentale Beziehung ermöglicht es, eine Reihe von Teilbarkeitsaussagen durch Betrachtungen über Untergruppen von $\mathbb{Z}$ zu beweisen. Insbesondere die grundlegenden Rechenregeln für | ergeben sich hieraus. Die Zahlen 0 und 1 spielen bei der Teilerbeziehung eine Sonderrolle: Da jede Untergruppe von $\mathbb{Z}$ die Gruppe $\{0\}=0\mathbb{Z}$ enthält und in $\mathbb{Z}=1\mathbb{Z}$ enthalten ist, teilt jede ganze Zahl 0 und wird von 1 geteilt.

Ebenso kann man die Begriffe *größter gemeinsamer Teiler* (ggT) und *kleinstes gemeinschaftliches Vielfaches* (kgV) parallel zu den entsprechenden Begriffen für Untergruppen von $\mathbb{Z}$ behandeln. Daß eine Zahl $g \in \mathbb{N}_0$ ein ggT zweier Zahlen $m,n \in \mathbb{Z}$ ist, bedeutet, daß für alle $t \in \mathbb{Z}$ gilt: t|m,n genau dann, wenn t|g. (Insbesondere ist also g tatsächlich der größte unter allen gemeinsamen Teilern von m,n, falls nicht n=0=m ist.) Entsprechend ist das kgV definiert: $k \in \mathbb{N}_0$ ist ein kgV von $m,n \in \mathbb{Z}$, wenn für alle $s \in \mathbb{Z}$ gilt: m,n|s genau dann, wenn k|s. Sind nun $m,n \in \mathbb{Z}$, so gibt es wegen Satz 4.1 ein $g \in \mathbb{N}_0$ mit $m\mathbb{Z}+n\mathbb{Z}=g\mathbb{Z}$, und daher sind für alle $t \in \mathbb{Z}$ die folgenden Aussagen der Reihe nach äquivalent: t|m,n ; $t\mathbb{Z} \supseteq m\mathbb{Z},n\mathbb{Z}$; $t\mathbb{Z} \supseteq m\mathbb{Z} \cup n\mathbb{Z}$; $t\mathbb{Z} \supseteq <m\mathbb{Z} \cup n\mathbb{Z}> = m\mathbb{Z}+n\mathbb{Z}$; $t\mathbb{Z} \supseteq g\mathbb{Z}$; t|g. Daß heißt, daß g ein ggT von m,n ist. Hieraus folgt insbesondere, daß je zwei Zahlen $m,n \in \mathbb{Z}$ einen ggT besitzen und daß dieser als Vielfachsumme von m,n darstellbar ist. Ebenso kann man zeigen, daß das kgV zweier Zahlen m,n diejenige Zahl $k \in \mathbb{N}_0$ ist mit $m\mathbb{Z} \cap n\mathbb{Z} = k\mathbb{Z}$. Die Eindeutigkeit des ggT und kgV ergibt sich jeweils unmittelbar aus ihrer Definition. Daher kann man je zwei Zahlen $m,n \in \mathbb{Z}$ die Zahl $ggT(m,n) \in \mathbb{N}_0$ und die Zahl $kgV(m,n) \in \mathbb{N}_0$ zuordnen, und in diesem Sinne sind dann ggT und kgV Verknüpfungen auf $\mathbb{Z}$, die z.B. (wie man leicht einsieht) assoziativ und kommutativ sind.

Eine Reihe von Rechenregeln über ggT und kgV ergeben sich unmittelbar aus
ihrer Definition unter Verwendung der Rechenregeln für I. So folgt z.B., daß
für $m,n \in \mathbb{Z}$ stets $ggT(m,n) \cdot kgV(m,n) = |mn|$ gilt (siehe Aufgabe 4.3). Diese Regel
erlaubt es, $kgV(m,n)$ stets (falls nicht $m=0=n$) durch den Ausdruck $\dfrac{|mn|}{ggT(m,n)}$
zu ersetzen, so daß man sich auf die Regeln für den ggT beschränken kann.

Das Rechnen mit ggT und kgV gehört zu den Grundtechniken beim Umgang mit der
Vervielfachung von Gruppenelementen. Ein Beispiel hierfür ist der weiter unten
stehende Hilfssatz 4.2, der eine Anwendung der *Vielfachsummendarstellung* des
ggT ist.

Unter einer *Primzahl* versteht man bekanntlich eine von 1 verschiedene natürliche Zahl p, die nur die trivialen Teiler 1,-1,p,-p hat. Ein Teiler einer
Zahl, der eine Primzahl ist, heißt *Primteiler* dieser Zahl. Offensichtlich
ist der kleinste Teiler aus $\mathbb{N} \smallsetminus 1$ einer Zahl stets ein Primteiler dieser
Zahl. Hiermit folgt durch Induktion, daß jede ganze Zahl $\neq 0$ ein Produkt
von Primzahlen ist. Dies ist die Existenzaussage des sogenannten *Primfaktorzerlegungssatzes*, der häufig auch als Hauptsatz der Teilbarkeitstheorie bezeichnet wird. Man kann ihn z.B. folgendermaßen formulieren
(offenbar kann man sich auf positive ganze Zahlen beschränken):

> Zu jeder Zahl $n \in \mathbb{N}$ gibt es genau eine Menge P von Potenzen paarweise
> verschiedener Primzahlen, so daß $n = \prod_{x \in P} x$ gilt.

Die Eindeutigkeitsaussage dieses Satzes ist nicht trivial. Sie beruht
letztlich auf der Tatsache, daß, wenn eine Primzahl ein Produkt von
Primzahlen teilt, sie bereits mit einer dieser Primzahlen übereinstimmen
muß. Dies ist eine einfache Folgerung des sogenannten *euklidischen Hauptsatzes:*

> Teilt eine ganze Zahl ein Produkt zweier ganzer Zahlen und ist sie zu
> einem der beiden Faktoren teilerfremd, so teilt sie bereits den anderen
> Faktor.

Dabei heißen zwei ganze Zahlen, deren ggT 1 ist, *teilerfremd* zueinander.
Der euklidische Hauptsatz, der ein häufig verwendetes Hilfsmittel bei
Teilbarkeitsschlüssen ist, läßt sich sehr kurz und einfach mit Hilfe der
Vielfachsummendarstellung des ggT beweisen. Mit Hilfe der Primfaktorzerlegung kann man Teilerbeziehungen auf Größenvergleiche zwischen den Exponenten der in den beteiligten Zahlen steckenden Primzahlpotenzen zurückführen und damit Teilbarkeitsaussagen meist vollständig analysieren. Es
empfiehlt sich jedoch, beim Beweis von Teilbarkeitsaussagen (d.h. bei der

Formulierung, nicht bei der Findung) mit dem Primfaktorzerlegungssatz sparsam umzugehen, da die dabei auftretenden längeren Produkte zu technischen Unbequemlichkeiten führen.

4.2 HILFSSATZ Sei G eine Gruppe. Dann gilt:

a) Für $x,y \in G$ und $m,n \in \mathbb{Z}$ folgt aus $x^m = y^m$ und $x^n = y^n$ stets $x^{ggT(m,n)} = y^{ggT(m,n)}$.

b) Ist G endlich, so ist für jedes $m \in \mathbb{Z}$ mit $ggT(m, |G|) = 1$ die Abbildung
$G \to G$, $x \mapsto x^m$ eine Permutation von G.

Beweis. Sei G eine Gruppe. Zu a) Seien $x,y \in G$ und $m,n \in \mathbb{Z}$. Wegen der Vielfachsummendarstellung des ggT gibt es $k,l \in \mathbb{Z}$ mit $ggT(m,n) = mk + nl$. Es gelte nun $x^m = y^m$ und $x^n = y^n$. Dann folgt $x^{mk} = y^{mk}$ und $x^{nl} = y^{nl}$. Multipliziert man die beiden Gleichungen miteinander, so erhält man: $x^{ggT(m,n)} = x^{mk+nl} = x^{mk} x^{nl} = y^{mk} y^{nl} = y^{mk+nl} = y^{ggT(m,n)}$.

Zu b) Sei G endlich und $m \in \mathbb{Z}$ mit $ggT(m, |G|) = 1$. Es genügt zu zeigen, daß die Abbildung $G \to G$, $x \mapsto x^m$ injektiv ist. Seien also $x,y \in G$ mit $x^m = y^m$. Nach dem kleinen Fermat gilt $x^{|G|} = 1 = y^{|G|}$. Die Anwendung von a) auf x,y,m und $n := |G|$ liefert $x = x^{ggT(m,|G|)} = y^{ggT(m,|G|)} = y$. Also ist $G \to G$, $x \mapsto x^m$ injektiv. #

AUFGABEN

Für die folgenden Aufgaben empfiehlt es sich, zunächst die wichtigsten Rechenregeln für die Relation | und für ggT, kgV aufzustellen.

4.1 Man zeige, daß $m \mapsto m\mathbb{Z}$ eine bijektive Abbildung von $\mathbb{N}$ auf die Menge der von $\{0\}$ verschiedenen Untergruppen von $\mathbb{Z}$ ist, bei der ggT in + und kgV in $\cap$ übergeht, und daß $U \to |\mathbb{Z}/U|$ ihre Umkehrabbildung ist.

4.2 Man bestimme alle Untergruppen von $\mathbb{Z}_{33}$ und $\mathbb{Z}_{27}$.

4.3 Man zeige, daß für alle $m,n \in \mathbb{Z}$ gilt: $ggT(m,n) \cdot kgV(m,n) = |mn|$ und beweise hiermit, daß für $m,n,k \in \mathbb{Z}$ mit $ggT(m,n) = 1$ aus $m,n|k$ stets $mn|k$ folgt.

4.4 Man zeige für beliebige $m,n \in \mathbb{Z}$ mit $m \neq 0$ oder $n \neq 0$: Ist $g = ggT(m,n)$, so sind $\frac{m}{g}$, $\frac{n}{g}$ teilerfremd.

4.5 Mit Hilfe von Aufgabe 4.4 beweise man (unter Verwendung des euklidischen Hauptsatzes) die folgende allgemeinere Form des euklidischen Hauptsatzes: Für beliebige $t,m,n \in \mathbb{Z}$ gilt: Aus $t|mn$ folgt $t|ggT(t,m) \cdot ggT(t,n)$.

4.6 Eine ganze Zahl, die außer 1 keine Quadratzahl als Teiler hat, heißt *quadratfrei*.
Man zeige:

a) Jeder Teiler einer quadratfreien Zahl ist quadratfrei, und für je zwei quadratfreie Zahlen ist ihr kgV wieder quadratfrei.

b) Für alle ganzen Zahlen m sind die folgenden vier Aussagen äquivalent:

(1) m ist quadratfrei. (2) m wird von keinem Primzahlquadrat geteilt.

(3) Jeder Teiler t von m ist zu $\frac{m}{t}$ teilerfremd. (4) |m| ist ein Produkt paarweise verschiedener Primzahlen.

4.1.2 Die Ordnung eines Elementes und die Struktur zyklischer Gruppen

Nach Satz 1.50 ist die Ordnung eines Elements a einer Gruppe die kleinste natürliche Zahl m mit $a^m=1$. Hiervon gilt die folgende Verschärfung:

4.3 HILFSSATZ Sei a ein Element endlicher Ordnung einer Gruppe. Dann gilt für alle $n \in \mathbb{Z}$: Aus $a^n=1$ folgt $o(a)|n$.

Beweis. Sei a ein Element endlicher Ordnung einer Gruppe und $n \in \mathbb{Z}$ mit $a^n=1$. Es gilt also $a^n=1=1^n$ und $a^{o(a)}=1=1^{o(a)}$. Nach Hilfssatz 4.2 a) folgt $a^{ggT(n,o(a))}=1^{ggT(n,o(a))}=1$. Da o(a) die kleinste natürliche Zahl m ist mit $a^m=1$ und da ggT(n,o(a)) eine natürliche Zahl ist, die o(a) teilt, also nicht größer als o(a) ist, folgt ggT(n,o(a))=o(a), und damit $o(a)|n$. #

4.4 FOLGERUNG (*Rechenregeln für die Ordnung eines Elementes*) Für jedes Element a endlicher Ordnung einer Gruppe und jede ganze Zahl m gilt:

a) $o(a^m) = \dfrac{o(a)}{ggT(o(a),m)}$.

b) $o(a^m) = o(a)$ genau dann, wenn o(a),m teilerfremd sind.

c) $o(a^m) = \dfrac{o(a)}{|m|}$ genau dann, wenn $m|o(a)$.

Beweis. Sei a ein Element endlicher Ordnung einer Gruppe und $m \in \mathbb{Z}$. b) und c) sind offenbar direkte Folgerungen von a).

Zu a) Sei g:=ggT(o(a),m). Dann gilt $g|o(a)$, also $\frac{o(a)}{g} \in \mathbb{N}$. Es folgt
$(a^m)^{\frac{o(a)}{g}} = a^{\frac{m \cdot o(a)}{g}} = (a^{o(a)})^{\frac{m}{g}} = 1^{\frac{m}{g}} = 1$, da (wegen $g|m$) $\frac{m}{g} \in \mathbb{Z}$. Sei nun $n \in \mathbb{N}$ mit $(a^m)^n = 1$. Dann folgt $a^{mn}=1$, also (nach Hilfssatz 4.3) $o(a)|mn$. Hieraus folgt: $\frac{o(a)}{g} | \frac{m}{g} \cdot n$, also (nach dem euklidischen Hauptsatz) $\frac{o(a)}{g} | n$, da $\frac{o(a)}{g}$, $\frac{m}{g}$ teilerfremd sind. Also gilt $\frac{o(a)}{g} \leq n$, d.h. $\frac{o(a)}{g}$ ist die kleinste natürliche Zahl n mit $(a^m)^n=1$. Nach Satz 1.50 ist damit $o(a^m) = \frac{o(a)}{g}$. #

Eine Anwendung von Folgerung 4.4 c) ist der folgende Satz, der die Untergruppenstruktur einer endlichen zyklischen Gruppe vollständig klärt.

4.5 SATZ (*Die Untergruppenstruktur einer endlichen zyklischen Gruppe*) Sei G eine endliche zyklische Gruppe. Dann ist $U \mapsto |U|$ eine bijektive Abbildung von der Menge der Untergruppen von G auf die Menge der positiven

Teiler von $|G|$, und für alle Untergruppen U,V von G ist $U \subseteq V$ äquivalent zu $|U| \, | \, |V|$.

Beweis. Sei $G=\langle a\rangle$ eine endliche zyklische Gruppe der Ordnung n. Dann ist $n=o(a)$. Nach dem Satz von Lagrange ist $U \mapsto |U|$ jedenfalls eine Abbildung von der Menge der Untergruppen von G in die Menge der positiven Teiler von $n=|G|$. Zur Surjektivität: Sei $t\in\mathbb{N}$ mit $t|n$. Dann gilt nach Folgerung 4.4 c):

$$|\langle a^{\frac{n}{t}}\rangle|=o(a^{\frac{n}{t}})=\frac{o(a)}{n}\cdot t=t,$$

d.h., es gibt eine Untergruppe der Ordnung t von G. Zur Injektivität: Seien U,V Untergruppen von G mit $|U|=|V|$. Dann ist UV eine Untergruppe von G, die nach Satz 4.1 zyklisch ist. Also gibt es ein Element $x\in UV$ mit $o(x)=|UV|$. Es gibt $u\in U$, $v\in V$ mit $x=uv$, und nach dem kleinen Fermat folgt: $x^{|U|}=(uv)^{|U|}=u^{|U|}v^{|U|}=u^{|U|}v^{|V|}=1\cdot 1=1$, also $|UV|=o(x)\leq|U|=|V|$. Da andererseits $U,V \subseteq UV$ gilt, folgt $U=UV=V$. Seien nun U,V beliebige Untergruppen von G. Nach dem Satz von Lagrange gilt: Aus $U \subseteq V$ folgt $|U| \, | \, |V|$. Es gelte nun umgekehrt $|U| \, | \, |V|$. Da V zyklisch ist (Satz 4.1), gibt es, wie eben bewiesen, eine Untergruppe W von V mit $|U|=|W|$. Da U,W Untergruppen von G sind, folgt $U=W$. Also gilt $U \subseteq V$ (da $W \subseteq V$ gilt). #

Die in Satz 4.5 betrachtete Abbildung $U \mapsto |U|$ von der Menge aller Untergruppen der endlichen zyklischen Gruppe G auf die Menge der positiven Teiler von $|G|$ überträgt offenbar auch den Durchschnitt von Untergruppen auf den ggT ihrer Ordnungen und das Produkt von Untergruppen auf das kgV ihrer Ordnungen, sie ist kurz gesagt, ein Isomorphismus vom Untergruppenverband von G auf den Teilerverband von $|G|$. (Die positiven Teiler einer natürlichen Zahl bilden bzgl. der Relation $|$ als Ordnungsrelation stets einen Verband, den sogenannten *Teilerverband* dieser Zahl.) Insbesondere folgt aus Satz 4.5 die wichtige Aussage, daß eine endliche zyklische Gruppe zu jeder natürlichen Zahl n höchstens eine Untergruppe der Ordnung n enthält.

4.6 HILFSSATZ (*Eine Produktregel für Ordnungen*) Seien a,b vertauschbare Elemente endlicher Ordnung einer Gruppe. Dann gilt: Sind $o(a)$, $o(b)$ teilerfremd, so ist $\langle ab\rangle=\langle a\rangle\langle b\rangle$ und $o(ab)=o(a)\cdot o(b)$.

Beweis. Seien a,b vertauschbare Elemente endlicher Ordnung einer Gruppe mit teilerfremden Ordnungen $o(a)$, $o(b)$. Dann sind die Untergruppen $\langle a\rangle$, $\langle b\rangle$ endlich, und es gilt $\langle a\rangle\langle b\rangle=\langle b\rangle\langle a\rangle$ (wegen $ab=ba$). Also ist $\langle a\rangle\langle b\rangle$ eine Untergruppe, die nach Satz 3.11 wieder endlich ist. $ab\in\langle a\rangle\langle b\rangle$ ist daher ein Element endlicher Ordnung.
Wegen $o(a)=|\langle a\rangle|$, $o(b)=|\langle b\rangle|$, $o(ab)=|\langle ab\rangle|$ und $|\langle a\rangle\langle b\rangle|=|\langle a\rangle|\cdot|\langle b\rangle|$ (Folgerung 3.12 a)) genügt es daher $\langle ab\rangle=\langle a\rangle\langle b\rangle$ zu zeigen. Dabei ist die Inklusion

$\langle ab \rangle \subseteq \langle a \rangle \langle b \rangle$ trivial.

Zur Inklusion $\langle a \rangle \langle b \rangle \subseteq \langle ab \rangle$: Nach Folgerung 4.4 b) gilt: $o(a)=o(a^{o(b)})$, also $\langle a \rangle = \langle a^{o(b)} \rangle$. Wegen $a^{o(b)}=a^{o(b)} \cdot 1 = a^{o(b)} b^{o(b)} = (ab)^{o(b)}$ folgt also: $\langle a \rangle = \langle a^{o(b)} \rangle = \langle (ab)^{o(b)} \rangle \subseteq \langle ab \rangle$. Analog ergibt sich $\langle b \rangle \subseteq \langle ab \rangle$. Also gilt $\langle a \rangle \langle b \rangle \subseteq \langle ab \rangle$. #

4.7 SATZ (*Kriterium für das Zyklischsein direkter Produkte*) Für beliebige endliche Gruppen G,H gilt: G×H ist genau dann zyklisch, wenn G,H zyklisch und $|G|,|H|$ teilerfremd sind.

Beweis. Seien G,H endliche Gruppen. Offenbar ist $\overline{G}:=G\times\{1\}$ eine zu G isomorphe Untergruppe von G×H und $\overline{H}:=\{1\}\times H$ eine zu H isomorphe Untergruppe von G×H. Zu beweisen ist also: G×H ist genau dann zyklisch, wenn $\overline{G}$, $\overline{H}$ zyklisch und $|\overline{G}|=|G|$, $|\overline{H}|=|H|$ teilerfremd sind.

Sei zunächst G×H zyklisch. Da $\overline{G}$, $\overline{H}$ Untergruppen der zyklischen Gruppe G×H sind, sind sie selbst zyklisch (Satz 4.1). Da $\overline{G}$, $\overline{H}$ komplementär zueinander sind (Satz 3.23 a)), ist die Einsuntergruppe die einzige in $\overline{G}$ und $\overline{H}$ enthaltene Untergruppe, und daher ist nach Satz 4.5 über die Untergruppenstruktur einer endlichen zyklischen Gruppe 1 der einzige gemeinsame positive Teiler von $|\overline{G}|,|\overline{H}|$, d.h. $|\overline{G}|,|\overline{H}|$ sind teilerfremd.

Seien nun umgekehrt $\overline{G}$, $\overline{H}$ zyklische Gruppen und $|\overline{G}|,|\overline{H}|$ teilerfremd. Dann ist nach Hilfssatz 4.6 auch G×H = $\overline{G} \cdot \overline{H}$ zyklisch. #

Die Untergruppen zyklischer Gruppen sind wieder zyklisch (Satz 4.1), die homomorphen Bilder zyklischer Gruppen sind trivialerweise wieder zyklisch. Das direkte Produkt zweier endlicher zyklischer Gruppen ist jedenfalls dann wieder zyklisch, wenn beide Faktoren zueinander teilerfremde Ordnungen haben (Satz 4.7). Damit sind die äußeren Beziehungen zyklischer Gruppen zueinander geklärt. Durch Satz 4.5 erhält man einen vollständigen Überblick über die Untergruppen einer endlichen zyklischen Gruppe (und durch Aufgabe 4.1 entsprechend über die Untergruppen von $\mathbb{Z}$). Satz 1.48 über die Bestimmung aller zyklischen Gruppen klärt, nach welchen Gesetzen man in einer zyklischen Gruppe rechnet, d.h., er konkretisiert die zyklischen Gruppen, indem er besagt, daß es (bis auf Isomorphie) genau eine unendliche zyklische Gruppe gibt, nämlich $\mathbb{Z}$, und zu jeder natürlichen Zahl n (bis auf Isomorphie) genau eine endliche zyklische Gruppe der Ordnung n gibt, nämlich $\mathbb{Z}_n$. Wir beschließen nun die Reihe dieser strukturellen Einsichten über zyklische Gruppen mit einem Zerlegungssatz, der vollständig analog zum Primfaktorzerlegungssatz ist.

4.8 SATZ (*Zerlegungssatz für endliche zyklische Gruppen*) Eine endliche zyklische Gruppe, deren Ordnung m die Primfaktorzerlegung $m = t_1 \cdot \ldots \cdot t_n$ hat,
wobei $t_1, \ldots, t_n$ Potenzen verschiedener Primzahlen sind, ist stets isomorph
zu dem direkten Produkt $\mathbb{Z}_{t_1} \times \ldots \times \mathbb{Z}_{t_n}$.

Der einfache Beweis, der durch Induktion über die Gruppenordnung m geführt
wird und beim Induktionsschritt Satz 4.7 verwendet, bleibe dem Leser überlassen.

AUFGABEN

4.7 Man bestimme die Ordnung des Elementes 144 in der Gruppe $\mathbb{Z}_{423}$.

4.8 Man zeige, daß für jedes Element a endlicher Ordnung einer Gruppe und
jede natürliche Zahl m gilt: Ist $o(a^m) = n$, so gilt $\frac{mn}{t} \mid o(a)$ und $o(a) \mid mn$,
wobei t der größte zu n teilerfremde Teiler von m ist.

4.9 Man zeige (in Verallgemeinerung von Hilfssatz 4.6), daß für beliebige
vertauschbare Elemente a,b endlicher Ordnung einer Gruppe gilt:
$$\frac{\text{kgV}(o(a), o(b))}{\text{ggT}(o(a), o(b))} \mid o(ab) \quad \text{und} \quad o(ab) \mid o(a) \cdot o(b).$$

4.10 Unter dem *Exponenten* einer endlichen Gruppe G versteht man die kleinste
natürliche Zahl m mit $x^m = 1$ für alle $x \in G$.
Man zeige, daß der Exponent einer beliebigen endlichen Gruppe stets das kgV
der Ordnungen aller Gruppenelemente und damit immer ein Teiler der Gruppenordnung ist.

4.11 Man zeige, daß für beliebige endliche Gruppen G,H der Exponent von $G \times H$
das kgV der Exponenten von G und H ist.

4.2 Die Automorphismen einer zyklischen Gruppe

4.2.1 Vervielfachungsautomorphismen

4.9 DEFINITION Für eine beliebige Gruppe G und ein beliebiges $m \in \mathbb{Z}$ heiße die
Abbildung $\pi_m : G \to G$, $x \mapsto x^m$ die *Vervielfachung* (oder *Potenzierung*) *mit* m
(*auf* G). Die Menge $\{\pi_m \mid m \in \mathbb{Z}\}$ werde mit V(G) bezeichnet.

(Die Tatsache, daß wir die Vervielfachung mit m auf verschiedenen Gruppen
jeweils gleich bezeichnen, nämlich mit π_m, kann im allgemeinen nicht zu
Mißverständnissen führen.)

Die Menge der Endomorphismen einer Gruppe G werde mit End G bezeichnet. Dann
ist für jede abelsche Gruppe offenbar $V(G) \subseteq \text{End}\, G$, denn für alle $x, y \in G$ und

$m\in\mathbb{Z}$ gilt: $(xy)\pi_m=(xy)^m=x^m y^m=x\pi_m y\pi_m$. End G ist für jede Gruppe G bezüglich der Hintereinanderausführung als Verknüpfung eine Halbgruppe mit der Identität als neutralem Element, und ebenso $V(G)$, da für alle $m,n\in\mathbb{Z}$ gilt: $\pi_m\pi_n=\pi_{mn}$ und $\pi_1\pi_m=\pi_m=\pi_m\pi_1$.

Wir fassen also zusammen:

4.10 SATZ (*Die Vervielfachungsendomorphismen einer abelschen Gruppe*) Für jede abelsche Gruppe G ist $V(G)$ bezüglich der Hintereinanderausführung als Verknüpfung eine kommutative Halbgruppe von Endomorphismen mit $\pi_1=\iota$ als neutralem Element. Für alle $m,n\in\mathbb{Z}$ gilt: $\pi_m\pi_n=\pi_{mn}=\pi_{nm}=\pi_n\pi_m$ und $\pi_m^k=\pi_{m^k}$ falls $k\in\mathbb{N}$.

Eine Vervielfachung einer Gruppe G "wirft die Elemente von G nicht sehr durcheinander", vielmehr ist sie z.B. mit jedem Endomorphismus von G vertauschbar und führt jede Untergruppe von G in sich über. Hilfssatz 4.2 b) zeigt auch, daß unter den Vervielfachungen durchaus Automorphismen sein können: Ist G eine endliche abelsche Gruppe, so ist für jedes $m\in\mathbb{Z}$, das teilerfremd zu $|G|$ ist, π_m ein Automorphismus von G. Für weitere Eigenschaften der Vervielfachung auf abelschen Gruppen verweisen wir auf die Aufgaben dieses Abschnittes. Durch den folgenden Satz werden mit Hilfe der Vervielfachungen die Endomorphismen und Automorphismen der endlichen zyklischen Gruppen bestimmt.

4.11 SATZ (*Bestimmung der Endo- und Automorphismen einer endlichen zyklischen Gruppe*) Für jede endliche zyklische Gruppe G gilt:
a) End G = $V(G)$ = $\{\pi_m \mid m\in\mathbb{Z}_{|G|}\}$.
b) Für jeden Endomorphismus π_m von G gilt: $|\text{Kern }\pi_m|$ = $\text{ggT}(|G|,m)$.
c) Aut G = $\{\pi_m \mid m\in\mathbb{Z} ; m,|G|$ teilerfremd$\}$ = $\{\pi_m \mid m\in\mathbb{Z}_{|G|} ; m,|G|$ teilerfremd$\}$.

Beweis. Sei $G=\langle a\rangle$ eine endliche zyklische Gruppe. Zu a) Offensichtlich gilt $\{\pi_m \mid m\in\mathbb{Z}_{|G|}\} \subseteq V(G) \subseteq$ End G. Zu zeigen bleibt: End $G \subseteq \{\pi_m \mid m\in\mathbb{Z}_{|G|}\}$. Sei also $\beta\in$End G. Dann ist $a\beta=a^m$ für ein $m\in\mathbb{Z}_{|G|}$, da $G=\{a^n \mid n\in\mathbb{Z}_{|G|}\}$. Dann gilt für alle $x=a^n\in G$: $x\beta=(a^n)\beta=(a\beta)^n=(a^m)^n=a^{mn}=a^{nm}=(a^n)^m=x^m$. Also ist $\beta=\pi_m$ mit $m\in\mathbb{Z}_{|G|}$.
Zu b) Sei π_m (mit $m\in\mathbb{Z}$) ein Endomorphismus von G. Dann gilt $G\pi_m=\langle a\rangle\pi_m=\langle a\pi_m\rangle=\langle a^m\rangle$. Nach dem Homomorphiesatz ist $G/\text{Kern }\pi_m \simeq G\pi_m = \langle a^m\rangle$. Also folgt mit Folgerung 4.4 a) $\dfrac{|G|}{|\text{Kern }\pi_m|}$ = $|G/\text{Kern }\pi_m|$ = $|\langle a^m\rangle|$ = $o(a^m)$ = $\dfrac{|G|}{\text{ggT}(o(a),m)}$ = $\dfrac{|G|}{\text{ggT}(|G|,m)}$, und damit $|\text{Kern }\pi_m|$ = $\text{ggT}(|G|,m)$.
Zu c) Da G endlich ist, sind die Automorphismen von G genau die injektiven Endomorphismen von G. Daß ein Endomorphismus π_m von G injektiv ist, bedeutet aber, daß Kern π_m trivial ist und dies wiederum heißt nach b), daß $\text{ggT}(|G|,m)=|\text{Kern }\pi_m|=1$ ist. Daraus ergibt sich die Behauptung. #

(Für die Bestimmung der Endomorphismen und Automorphismen der unendlichen zyklischen Gruppe $\mathbb{Z}$ siehe Aufgabe 4.12.)

Die Einsicht von Satz 4.11 a) kann auch so ausgedrückt werden: Ist G=<a>
eine endliche zyklische Gruppe, so bilden die verschiedenen Endomorphismen
von G das Element a genau auf alle möglichen Elemente von G ab; insbesondere
ist $|\text{End}\,G| = |\mathbb{Z}_{|G|}| = |G|$. Da es nun unendlich viele ganze Zahlen gibt,
müssen für verschiedene $m,n\in\mathbb{Z}$ die zugehörigen Endomorphismen π_m,π_n häufig
gleich sein. Der folgende Hilfssatz gibt ein Kriterium für die Gleichheit
von Endomorphismen π_m,π_n an. Die dabei auftretende Relation der Kongruenz
modulo $|G|$ wurde in Abschnitt 3.3.1 eingeführt: Für beliebige ganze Zahlen
k,l,m bedeutet $k\equiv l \pmod m$, daß k,l in derselben Nebenklasse von $m\mathbb{Z}$ liegen,
d.h.: $k-l\in m\mathbb{Z}$ (was äquivalent zu $m|k-l$ ist).

4.12 HILFSSATZ (*Kriterium für die Gleichheit von Endomorphismen einer endlichen
zyklischen Gruppe*) Für beliebige Endomorphismen π_m,π_n (mit m,n $\mathbb{Z}$) einer
endlichen zyklischen Gruppe G gilt: $\pi_m=\pi_n$ genau dann, wenn $m\equiv n \pmod{|G|}$.

Beweis. Sei G=<a> eine endliche zyklische Gruppe, und seien π_m,π_n (mit
$m,n\in\mathbb{Z}$) beliebige Endomorphismen von G. Dann sind die folgenden Aussagen der
Reihe nach äquivalent: $\pi_m=\pi_n$; $x\pi_m=x\pi_n$ für alle $x\in G$; $a\pi_m=a\pi_n$; $a^m = a^n$;
$a^{m-n}=1$; $o(a)|m-n$ (Hilfssatz 4.3) ; $|G||m-n$; $m\equiv n \pmod{|G|}$. #

AUFGABEN

4.12 a) Man bestimme alle Endomorphismen von $\mathbb{Z}$ und zeige, daß $(\text{End}\,\mathbb{Z},\cdot) \simeq$
$\simeq (\mathbb{Z}, \cdot)$ ist.

b) Man bestimme alle Automorphismen von $\mathbb{Z}$ und zeige, daß $\text{Aut}\,\mathbb{Z} \simeq \mathbb{Z}_2$ ist.

4.13 Man zeige für jede endliche abelsche Gruppe G mit dem Exponenten k:
Für alle Vervielfachungen π_m,π_n auf G (mit $m,n\in\mathbb{Z}$) gilt $\pi_m=\pi_n$ genau dann,
wenn $m\equiv n \pmod k$.

4.14 Man zeige (durch Induktion über die Gruppenordnung), daß jede endliche
abelsche Gruppe zu jedem Primteiler p ihrer Ordnung ein Element der Ordnung
p enthält.

4.15 Man zeige für jede endliche abelsche Gruppe G: Für jedes $m\in\mathbb{Z}$ ist die
Vervielfachung mit m auf G genau dann ein Automorphismus von G, wenn $m,|G|$
teilerfremd sind.

4.16 Man zeige für alle $m\in\mathbb{Z}$, $n\in\mathbb{N}$: Der Endomorphismus π_m von $\mathbb{Z}_n$ ist genau
dann eine Projektion von $\mathbb{Z}_n$, wenn $n=\text{ggT}(n,m)\cdot\text{ggT}(n,m-1)$ ist.

4.17 Sei G eine endliche abelsche Gruppe und m ein positiver Teiler von $|G|$,
der teilerfremd zu $\dfrac{|G|}{m}$ ist. Man zeige:

a) Die Vervielfachung π_m auf G ist eine verallgemeinerte Projektion von G.
[Hinweis: Man verwende Aufgabe 3.50 und Hilfssatz 4.2 a).]

b) Sowohl $|G\pi_m|$,m als auch $|\text{Kern }\pi_m|$, $\dfrac{|G|}{m}$ sind teilerfremd.
[Hinweis: Man verwende Aufgabe 4.14 .]

c) Es ist $|G\pi_m| = \dfrac{|G|}{m}$ und $|\text{Kern }\pi_m| = m$.
[Hinweis: Man verwende b) und Aufgabe 3.49 .]

4.18 Mit Hilfe von Aufgabe 4.17 zeige man für endliche abelsche Gruppen einen
zu Satz 4.8 analogen Zerlegungssatz.

4.2.2 Die Eulersche ϕ-Funktion

Nach Satz 4.11 c) hat eine endliche zyklische Gruppe G ebensoviele Auto-
morphismen, wie es zu $|G|$ teilerfremde Zahlen in $\mathbb{Z}_{|G|}$ gibt, denn für ver-
schiedene $m,n \in \mathbb{Z}_{|G|}$ sind offenbar auch die Endomorphismen π_m,π_n verschieden,
da sie ein erzeugendes Element von G verschieden abbilden.

4.13 DEFINITION Zu jeder natürlichen Zahl n werde die Anzahl der zu n teilerfremden ganzen Zahlen zwischen 0 und n-1 (also aus $\mathbb{Z}_n$) mit $\phi(n)$ bezeichnet.
ϕ heißt die *Eulersche ϕ-Funktion* (nach dem Mathematiker *L.Euler*).

Wir fassen unter Verwendung von Definition 4.13 noch einmal die Ergebnisse
über die Automorphismengruppe einer endlichen zyklischen Gruppe zusammen
(Definition 4.9, Sätze 4.10, 4.11):

4.14 SATZ (*Die Automorphismengruppe einer endlichen zyklischen Gruppe*)
Für jede endliche zyklische Gruppe G ist Aut G eine abelsche Gruppe der
Ordnung $\phi(|G|)$, deren Elemente die Vervielfachungen π_m auf G mit zu $|G|$
teilerfremden $m \in \mathbb{Z}$ sind.

In vielen Fällen ist die Automorphismengruppe einer endlichen zyklischen
Gruppe G sogar zyklisch, z.B. dann, wenn G Primzahlordnung hat. Allgemein
kann man mit Hilfe eingehender Untersuchungen der Restklassenstrukturen $\mathbb{Z}_m$
die Struktur der Automorphismengruppe einer endlichen zyklischen Gruppe
vollständig bestimmen.

Wir werden in diesem Abschnitt die grundlegenden Eigenschaften der Eulerschen
ϕ-Funktion behandeln und dabei wieder die gegenseitige Bezeihung zahlen-
theoretischer und gruppentheoretischer Aussagen aufzeigen.

Zunächst wollen wir die Eulersche ϕ-Funktion für spezielle n berechnen.
Offenbar sind alle natürlichen Zahlen, die kleiner als eine Primzahl p sind,
teilerfremd zu p. Also ist $\phi(p)=p-1$. Allgemein kann man sehr leicht $\phi(m)$

für Primzahlpotenzen m berechnen.

4.15 HILFSSATZ Für jede Primzahl p und jede natürliche Zahl n ist
$\phi(p^n)=(p-1)p^{n-1}$.

Beweis. Sei p eine Primzahl und $n \in \mathbb{N}$. Für alle $m \in \mathbb{Z}$ sind die folgenden Aussagen der Reihe nach äquivalent: p^n,m teilerfremd ; p,m teilerfremd ; p teilt nicht m ; $m \notin p\mathbb{Z}$. Also ist $\{m \mid m \in \mathbb{Z}_{p^n};\ m,p^n$ teilerfremd$\} = \mathbb{Z}_{p^n} \smallsetminus p\mathbb{Z} =$
$= \mathbb{Z}_{p^n} \smallsetminus (p\mathbb{Z} \cap \mathbb{Z}_{p^n})$, und daher $\phi(p^n) = |\mathbb{Z}_{p^n} \smallsetminus (p\mathbb{Z} \cap \mathbb{Z}_{p^n})| = |\mathbb{Z}_{p^n}| - |p\mathbb{Z} \cap \mathbb{Z}_{p^n}|$.
Nun ist $p\mathbb{Z} \cap \mathbb{Z}_{p^n} = \{pk \mid k \in \mathbb{Z},\ 0 \le pk \le p^n-1\} = p\{k \mid k \in \mathbb{Z},\ 0 \le k \le p^{n-1}-1\} = p\mathbb{Z}_{p^{n-1}}$. Also
folgt $\phi(p^n) = |\mathbb{Z}_{p^n}| - |p\mathbb{Z}_{p^{n-1}}| = p^n - p^{n-1} = (p-1)p^{n-1}$. #

Die Primzahlpotenz 1 wurde im Hilfssatz 4.15 nicht mit erfaßt. Es ist aber offenbar $\phi(1)=1$, da $\mathbb{Z}_1 = \{0\}$ ist und 0 teilerfremd zu 1 ist. Da jede natürliche Zahl ein Produkt verschiedener Primzahlpotenzen ist, wäre es von Nutzen, wenn man die Eulersche ϕ-Funktion für Produkte teilerfremder Zahlen berechnen könnte. Hier gilt die einfache Regel des folgenden Hilfssatzes 4.17:
$\phi(mn)=\phi(m)\phi(n)$, falls m,n teilerfremd sind - man sagt auch: ϕ ist *multiplikativ*. Die gruppentheoretische Bedeutung dieser Regel ist, daß die Automorphismengruppe eines direkten Produktes von zyklischen Gruppen teilerfremder Ordnungen isomorph zum direkten Produkt der Automorphismengruppen der einzelnen zyklischen Gruppen ist. Wir beweisen also zunächst eine allgemeine Regel über Automorphismengruppen.

4.16 SATZ (*Automorphismengruppen direkter Produkte*) Für beliebige endliche Gruppen G,H teilerfremder Ordnungen gilt $\mathrm{Aut}(G{\times}H) \simeq \mathrm{Aut}\,G \times \mathrm{Aut}\,H$.

Beweis. Seien G,H endliche Gruppen, und seien $|G|,|H|$ teilerfremd. Für ein beliebiges Paar $(\alpha,\beta) \in \mathrm{Aut}\,G \times \mathrm{Aut}\,H$ sei $\alpha{*}\beta$ die folgende Abbildung von $G{\times}H$ in sich: $\alpha{*}\beta:G{\times}H \to G{\times}H$, $(x,y) \mapsto (x\alpha,y\beta)$. Wie man leicht nachrechnet, ist die Abbildung $\psi:(\alpha,\beta) \mapsto \alpha{*}\beta$ ein injektiver Homomorphismus von $\mathrm{Aut}\,G \times \mathrm{Aut}\,H$ in $\mathrm{Aut}(G{\times}H)$. Für den Beweis, daß ψ ein Isomorphismus von $\mathrm{Aut}\,G \times \mathrm{Aut}\,H$ auf $\mathrm{Aut}(G{\times}H)$ ist, genügt es somit zu zeigen, daß ψ surjektiv ist. Sei also $\delta \in \mathrm{Aut}(G{\times}H)$. Die Untergruppen $\bar{G}:=G{\times}\{1\}$ und $\bar{H}:=\{1\}{\times}H$ von $G{\times}H$ sind Normalteiler von $G{\times}H$, und jede von ihnen hat eine Ordnung, die teilerfremd zu ihrem Index ist; denn es ist $|\bar{G}|=|G|$, $|\bar{H}|=|H|$ und $|\bar{G}|\cdot|\bar{H}|=|G|\cdot|H|=|G{\times}H|$. Also sind nach Satz 3.18 $\bar{G},\bar{H}$ charakteristische Untergruppen von $G{\times}H$, d.h. Untergruppen von $G{\times}H$, die bei jedem Automorphismus von $G{\times}H$ in sich übergehen. Also gilt $\bar{G}\delta=$ $=\bar{G}$ und $\bar{H}\delta=\bar{H}$, d.h., es gibt Abbildungen $\alpha:G \to G$, $\beta:H \to H$ mit $(x,1)\delta=(x\alpha,1)$ für alle $x \in G$ und $(1,y)\delta=(1,y\beta)$ für alle $y \in H$. Wie man leicht nachweist, ist $\alpha \in \mathrm{Aut}\,G$ und $\beta \in \mathrm{Aut}\,H$ (da $\delta \in \mathrm{Aut}(G{\times}H)$ ist). Da für alle $(x,y) \in G{\times}H$ gilt:

$(x,y)\delta=((x,1)(1,y))\delta=(x,1)\delta(1,y)\delta=(x\alpha,1)(1,y\beta)=(x\alpha,y\beta)$, ist $\delta=\alpha*\beta$, und damit hat δ ein Urbild $(\alpha,\beta)\in\operatorname{Aut}G\times\operatorname{Aut}H$ bei ψ. Also ist $\operatorname{Aut}(G\times H)\simeq\operatorname{Aut}G\times\operatorname{Aut}H$. #

4.17 HILFSSATZ (*Multiplikativität der Eulerschen ϕ-Funktion*) Für beliebige teilerfremde natürliche Zahlen m,n ist $\phi(mn)=\phi(m)\phi(n)$.

Beweis. Seien m,n teilerfremde natürliche Zahlen. Nach dem Kriterium für das Zyklisch-Sein direkter Produkte (Satz 4.7) ist $\mathbb{Z}_m\times\mathbb{Z}_n$ zyklisch (und hat die Ordnung mn). Also gilt $\mathbb{Z}_{mn}\simeq\mathbb{Z}_m\times\mathbb{Z}_n$, und damit auch $\operatorname{Aut}\mathbb{Z}_{mn}\simeq\operatorname{Aut}(\mathbb{Z}_m\times\mathbb{Z}_n)$. Nach Satz 4.16 gilt $\operatorname{Aut}(\mathbb{Z}_m\times\mathbb{Z}_n)\simeq\operatorname{Aut}\mathbb{Z}_m\times\operatorname{Aut}\mathbb{Z}_n$, also schließlich $\operatorname{Aut}\mathbb{Z}_{mn}\simeq\operatorname{Aut}\mathbb{Z}_m\times\operatorname{Aut}\mathbb{Z}_n$. Da nach Satz 4.14 für natürliche Zahlen k stets $\phi(k)=|\operatorname{Aut}\mathbb{Z}_k|$ gilt, folgt insgesamt: $\phi(mn)=|\operatorname{Aut}\mathbb{Z}_{mn}|=|\operatorname{Aut}\mathbb{Z}_m\times\operatorname{Aut}\mathbb{Z}_n|=$ $=|\operatorname{Aut}\mathbb{Z}_m|\cdot|\operatorname{Aut}\mathbb{Z}_n|=\phi(m)\phi(n)$. #

Damit kann man die Eulersche ϕ-Funktion für jede natürliche Zahl bestimmen: Ist m eine beliebige natürliche Zahl mit der Primfaktorzerlegung $m=p_0^{r_0}p_1^{r_1}\dots p_n^{r_n}$, so gilt wegen Hilfssatz 4.17: $\phi(m)=\phi(p_0^{r_0})\phi(p_1^{r_1})\dots\phi(p_n^{r_n})$.

Nach Hilfssatz 4.15 kann man für jede Primzahlpotenz $p_i^{r_i}$ schreiben: $\phi(p_i^{r_i})=$ $=(p_i-1)p_i^{r_i-1}=(1-\frac{1}{p_i})p_i^{r_i}$. Also ergibt sich: $\phi(m)=m\cdot(1-\frac{1}{p_0})(1-\frac{1}{p_1})\dots(1-\frac{1}{p_n})$. Wir erhalten damit:

4.18 SATZ (*Bestimmung der Eulerschen ϕ-Funktion*) Für jede natürliche Zahl m mit der Primteilermenge P gilt: $\phi(m)=m\prod_{p\in P}(1-\frac{1}{p})$.

Kennt man die Automorphismengruppe einer Gruppe genauer, so kann man unter Umständen analysieren, wie eine Gruppe H auf G operieren kann, d.h., welche Homomorphismen es von H in $\operatorname{Aut}G$ geben kann. Hiermit erhält man dann einen Überblick über die möglichen halbdirekten Produkte $H\underset{\psi}{\times}G$. Mit den bisherigen Kenntnissen kann man also halbdirekte Produkte, deren normale Faktoren zyklische Gruppen sind, analysieren. Ein Beispiel möge dies demonstrieren: Es sei G eine Gruppe der Ordnung 99, und man habe bereits bewiesen, daß G eine Untergruppe U der Ordnung 9 und eine Untergruppe V der Ordnung 11 habe. Dann sind aus Ordnungsgründen U,V komplementär. Da der Index von V 9 ist und daher kleiner als der kleinste Primteiler 11 der Ordnung von V ist, ist nach Satz 3.38 b) V ein Normalteiler von G. Also ist G isomorph zu einem halbdirekten Produkt $U\underset{\psi}{\times}V$. ψ ist dabei ein Homomorphismus von U in $\operatorname{Aut}V$. Da die Ordnung von V 11 ist, ist V eine zyklische Gruppe (nämlich isomorph zu $\mathbb{Z}_{11}$) , und daher gilt: $|\operatorname{Aut}V|=\phi(|V|)=\phi(11)=10$. Da die Ordnung von U 9 und 9 teilerfremd zu 10 ist, kann der Homomorphismus ψ von U in $\operatorname{Aut}V$ nur trivial sein. Also ist $U\underset{\psi}{\times}V$ das direkte Produkt $U\times V$. Schließlich ist nach Satz 3.24 U isomorph zu $\mathbb{Z}_9$ oder zu $\mathbb{Z}_3 \times \mathbb{Z}_3$, und damit hat man: $G \simeq \mathbb{Z}_9 \times \mathbb{Z}_{11} \simeq \mathbb{Z}_{99}$ oder $G \simeq \mathbb{Z}_3 \times \mathbb{Z}_3 \times \mathbb{Z}_{11} \simeq \mathbb{Z}_3 \times \mathbb{Z}_{33}$.

Als unmittelbare Folgerung aus der Bestimmung der Eulerschen ϕ-Funktion ergibt sich der folgende Satz über die Verträglichkeit von ϕ mit $|$, dessen Beweis dem Leser überlassen bleibe:

4.19 FOLGERUNG (*Verträglichkeit der Eulerschen ϕ-Funktion mit der Teilerbeziehung*) Für natürliche Zahlen m,n folgt aus m|n stets $\phi(m)|\phi(n)$.

Weiter erhält man (bereits mit Hilfe von Satz 4.14 und Hilfssatz 4.12) den kleinen Satz von Fermat der Zahlentheorie, nach dem auch der kleine Satz von Fermat für Gruppen benannt ist:

4.20 SATZ (*Kleiner Satz von Fermat für Zahlen*)
a) Für alle $n\in\mathbb{N}$ und $m\in\mathbb{Z}$ mit ggT(m,n)=1 gilt $m^{\phi(n)}\equiv 1$ (mod n).
b) Für alle Primzahlen p und $m\in\mathbb{Z}$ gilt $m^p\equiv m$ (mod p).

Beweis. Zu a) Sei $n\in\mathbb{N}$ und $m\in\mathbb{Z}$, und seien m,n teilerfremd. Dann ist nach Satz 4.14 die Vervielfachung π_m ein Automorphismus der zyklischen Gruppe $\mathbb{Z}_n$. Nach dem kleinen Satz von Fermat der Gruppentheorie gilt (da $|\text{Aut}\,\mathbb{Z}_n|=\phi(n)$ ist): $\pi_m{}^{\phi(n)} = (\pi_m)^{\phi(n)} = \pi_1$, also nach Hilfssatz 4.12: $m^{\phi(n)}\equiv 1$ (mod n).
Zu b) Sei p eine Primzahl und $m\in\mathbb{Z}$. Sind p,m teilerfremd, so folgt mit a) $m^{p-1}\equiv m^{\phi(p)}\equiv 1$ (mod p), also $p|m^{p-1}-1$, und damit auch: $p|(m^{p-1}-1)m=m^p-m$.
Sind p,m nicht teilerfremd, so gilt p|m und daher auch $p|m^p-m$. Also folgt in jedem Fall: $p|m^p-m$, d.h.: $m^p\equiv m$ (mod p). #

AUFGABEN

4.19 Man zeige, daß $\text{Aut}\,\mathbb{Z}_{17}$ zyklisch ist.

4.20 Man bestimme alle Gruppen der Ordnung 55.
[Hinweis: Man verwende Aufgabe 4.14 .]

4.21 Man zeige die folgende Verallgemeinerung des kleinen Satzes von Fermat für Zahlen: Für alle $n\in\mathbb{N}$, $m\in\mathbb{Z}$ gilt: $m^{\phi(n)+k}\equiv m^k$ (mod n), wobei k der größte Exponent einer in n aufgehenden Primzahlpotenz ist.
[Hinweis: Man zeige für jede in n aufgehende Primzahlpotenz p^l die Aussage $p^l|m^{\phi(n)+k}-m^k$ und unterscheide dabei die Fälle p|m und p,m teilerfremd.]

4.22 Für eine beliebige Gruppe G sei E(G) die Menge der erzeugenden Elemente von G, d.h. $E(G):=\{x\,|\,\langle x\rangle=G\}$.
Man zeige, daß für jede endliche Gruppe G die folgenden drei Aussagen zueinander äquivalent sind:
G ist zyklisch ; $|E(G)|=\phi(|G|)$: $|E(G)|\neq 0$.

4.23 Man zeige für jede endliche Gruppe G: $\sum_{U\in\mathfrak{U}} |E(U)| = |G|$.

Dabei sei $\mathfrak{U}$ die Menge der Untergruppen von G.
[Hinweis: Man zeige, daß {E(U)|U ist zyklische Untergruppe von G} eine
Klasseneinteilung von G ist.]

4.24 Durch Anwendung von Aufgabe 4.23 auf zyklische Gruppen beweise man die
Summationsformel für die Eulersche ϕ-Funktion:
Für alle $n\in\mathbb{N}$ gilt $\sum_{t\in T} \phi(t) = n$, wobei T die Menge der positiven Teiler von
n sei.

4.25 Nach Satz 4.5 enthält jede endliche zyklische Gruppe zu jeder natürliche
Zahl n höchstens eine Untergruppe der Ordnung n. Man beweise mit Hilfe der
Aufgaben 4.22, 4.23, 4.24 die Umkehrung davon:
Jede endliche nicht-zyklische Gruppe enthält mindestens zwei verschiedene
Untergruppen derselben Ordnung.

Die Eulersche ϕ-Funktion ist eine sogenannte *zahlentheoretische Funktion*.
Eine andere zahlentheoretische Funktion ist τ: Für jedes $n\in\mathbb{N}$ sei $\tau(n)$ die
Anzahl der positiven Teiler von n. Z.B. ist $\tau(12)=6$, $\tau(27)=4$. Nach Satz 4.5
ist $\tau(n)$ also zugleich die Anzahl der Untergruppen von $\mathbb{Z}_n$. Mit dieser
inhaltlichen Bedeutung von τ läßt sich, ähnlich wie bei ϕ, die Multiplikativität von τ beweisen:

4.26 Man zeige, daß für beliebige endliche Gruppen G,H teilerfremder Ordnungen
gilt: Ist $\mathfrak{U}_G$ die Menge der Untergruppen von G, $\mathfrak{U}_H$ die Menge der Untergruppen
von H und $\mathfrak{U}_{G\times H}$ die Menge der Untergruppen von G×H, so gilt: $\mathfrak{U}_{G\times H}=\{U\times V\,|\,U\in\mathfrak{U}_G,$
$V\in\mathfrak{U}_H\}$.

4.27 Man zeige mit Hilfe von Aufgabe 4.26, daß τ multiplikativ ist, d.h., daß
für alle teilerfremden natürlichen Zahlen m,n gilt: $\tau(mn)=\tau(m)\tau(n)$.

4.3 Abelsche Gruppen

Nach Aufgabe 4.17 kann man eine endliche abelsche Gruppe G stets gemäß einer
teilerfremden Zerlegung von |G| zerlegen, d.h. ist |G|=mn, wobei m,n teiler-
fremde natürliche Zahlen seien, so gibt es abelsche Gruppen U,V mit |U|=m,
|V|=n, so daß G isomorph zu U×V ist. Wendet man dies mehrfach an, so erhält
man eine Darstellung von G als direktes Produkt von abelschen Gruppen von
Primzahlpotenzordnung (Aufgabe 4.18). Aber solche Gruppen können auch noch
zerlegbar sein. Nicht mehr zerlegbar, d.h. nicht darstellbar als nicht-
triviales direktes Produkt, sind die zyklischen Gruppen von Primzahlpotenz-

ordnung (siehe Satz 4.25). Wir wollen sie durch eine Definition hervorheben:

4.21 DEFINITION Eine zyklische Gruppe von Primzahlpotenzordnung heißt *primär*;
ist die Ordnung einer primären Gruppe eine Potenz einer Primzahl p, so heißt
sie auch eine *primäre p-Gruppe*.

Ist G eine endliche abelsche Gruppe, p eine Primzahl und U eine Untergruppe
von G, die eine primäre p-Gruppe ist, und gibt es keine primäre p-Unter-
gruppe von G echt größerer Ordnung als $|U|$, so heißt U ein *primärer p-Faktor*
von G.

Nach Satz 4.8 lassen sich endliche zyklische Gruppen in primäre Gruppen zerlegen. Aber auch für endliche abelsche Gruppen gilt dies. Das zu beweisen
ist das Ziel dieses Abschnittes.

4.22 SATZ (*Kennzeichnung der endlichen zyklischen Gruppen unter den abelschen*
Gruppen) Eine endliche abelsche Gruppe ist genau dann zyklisch, wenn sie zu
jeder Primzahl p höchstens eine Untergruppe der Ordnung p enthält.

Beweis. Daß eine endliche zyklische Gruppe zu jeder Primzahl p höchstens eine
Untergruppe der Ordnung p enthält, ist nach Satz 4.5 klar. Die Umkehrung beweisen wir durch Induktion über die Gruppenordnung. Sei also G eine endliche
abelsche Gruppe, die zu jeder Primzahl p höchstens eine Untergruppe der Ordnung p enthalte und jede abelsche Gruppe echt kleinerer Ordnung mit dieser
Eigenschaft sei zyklisch. Zu zeigen ist, daß G zyklisch ist. Ist G die Einsgruppe, so ist nichts mehr zu beweisen. Sei also G keine Einsgruppe. Dann
gibt es ein $x \in G \setminus \{1\}$. $<x>$ ist eine zyklische Untergruppe von G. Es gibt einen
Primteiler p von $|<x>|$ und nach Satz 4.5 eine Untergruppe P von $<x>$ mit
$|P|=p$. P ist auch Untergruppe von G. Die Vervielfachung π_p ist ein Endomorphismus von G. Da nach Voraussetzung P die einzige Untergruppe von G der
Ordnung p ist, ist offenbar Kern $\pi_p = P$, also $|\text{Kern } \pi_p|=|P|=p$. Nach dem
Homomorphiesatz gilt $G\pi_p \simeq G/\text{Kern } \pi_p$, also $|G\pi_p|=|G/\text{Kern } \pi_p|= \dfrac{|G|}{|\text{Kern } \pi_p|} = \dfrac{|G|}{p}$.

Also ist $G\pi_p$ eine Untergruppe von G, die echt kleinere Ordnung als G hat und
natürlich auch die Voraussetzung erfüllt, daß sie zu jeder Primzahl q
höchstens eine Untergruppe der Ordnung q enthält. Nach Induktionsvoraussetzung ist daher $G\pi_p$ zyklisch. Also gibt es ein $a \in G$ mit $G\pi_p=<a\pi_p>=<a^p>$.
Nach Hilfssatz 4.4 a) gilt $\dfrac{|G|}{p} = o(a^p) = \dfrac{o(a)}{\text{ggT}(o(a),p)}$.

1.Fall: p teilt o(a). Dann ist ggT(o(a),p)=p, also $\dfrac{|G|}{p} = \dfrac{o(a)}{p}$. Hieraus
folgt $|G|=o(a)$, d.h., G wird von a erzeugt und ist damit zyklisch.

2.Fall: p teilt nicht o(a). Dann ist ggT(o(a),p)=1, also $\dfrac{|G|}{p} = o(a)$. Daher
sind $|G\pi_p|= \dfrac{|G|}{p}$, $|P|=p$ teilerfremd, und es folgt nach Folgerung 3.21, daß
$G\pi_p$, P komplementär (in G) sind. Also ist nach Satz 3.23 b) $G \simeq G\pi_p \times P$. Da

aber $G\pi_p$, P zyklische Gruppen teilerfremder Ordnungen sind, ist nach Satz 4.7 G zyklisch. #

Eine einfache Folgerung von Satz 4.22, deren Beweis dem Leser überlassen bleibe, ist:

4.23 FOLGERUNG Jede endliche abelsche Gruppe quadratfreier Ordnung ist zyklisch.

(Eine ganze Zahl, die außer 1 kein Quadrat als Teiler hat, heißt *quadratfrei*. Siehe Aufgabe 4.6 .)

4.24 SATZ (*Die Abspaltung primärer p-Faktoren*) Sei G eine endliche abelsche Gruppe und p eine Primzahl.
a) Jeder primäre p-Faktor von G hat ein Komplement in G.
b) Die Komplemente primärer p-Faktoren von G sind alle zueinander isomorph.

Beweis. Sei G eine endliche abelsche Gruppe und p eine Primzahl.
Zu a) Wir beweisen die Behauptung durch Induktion über die Gruppenordnung $|G|$. Für jede endliche abelsche Gruppe echt kleinerer Ordnung als $|G|$ sei also die Behauptung wahr. Sei nun U ein primärer p-Faktor von G.
1.Fall: G ist zyklisch. Dann ist $|U|$ die höchste in $|G|$ aufgehende p-Potenz, denn andernfalls gäbe es nach Satz 4.5 eine Untergruppe von G mit einer größeren p-Potenz als Ordnung, die wieder (nach Satz 4.1) zyklisch wäre, im Widerspruch zur Voraussetzung, daß U ein primärer p-Faktor von G ist. Also sind $|U|$, $\frac{|G|}{|U|}$ teilerfremd. Nach Satz 4.5 gibt es eine Untergruppe K von G der Ordnung $\frac{|G|}{|U|}$. Nach Folgerung 3.21 ist K ein Komplement von U.
2.Fall: G ist nicht zyklisch. Dann gibt es nach Satz 4.22 eine Primzahl q und zwei verschiedene Untergruppen der Ordnung q von G. Da U zyklisch ist, können diese Untergruppen nicht beide in U liegen, d.h. eine von beiden hat mit U den Durchschnitt {1} (Folgerung 3.12 b)). Es gibt also eine nicht-triviale Untergruppe Q von G mit Q∩U={1}. Sei ϕ der kanonische Homomorphismus von G auf G/Q. $G\phi=G/Q$ ist wieder eine endliche abelsche Gruppe, deren Ordnung echt kleiner als $|G|$ ist. Das homomorphe Bild $U\phi$ ist eine zyklische Untergruppe von $G\phi$ mit der Ordnung $|U\phi|=|U|$, denn die Einschränkung von ϕ auf U ist injektiv, da Kern ϕ = Q und Q∩U={1} ist.
Annahme: $U\phi$ ist kein primärer p-Faktor von $G\phi$. Dann gibt es eine primäre p-Untergruppe von $G\phi$ mit einer echt größeren Ordnung als $|U|$, d.h. es gibt ein w∈G, so daß $|\langle w\phi\rangle|$ eine p-Potenz und $|\langle w\phi\rangle|>|U|$ ist. Da $|\langle w\phi\rangle|$ ein Teiler von $|\langle w\rangle|$ ist (Folgerung 3.34), gibt es nach Satz 4.5 eine Untergruppe von $\langle w\rangle$ der Ordnung $|\langle w\phi\rangle|$, die wieder (nach Satz 4.1) zyklisch ist, d.h. es gibt eine primäre p-Untergruppe von G mit echt größerer Ordnung als

|U| im Widerspruch zur Voraussetzung, daß U ein primärer p-Faktor von G ist.
Also ist Uϕ ein primärer p-Faktor von Gϕ. Nach Induktionsvoraussetzung gibt
es daher ein Komplement von Uϕ in Gϕ. Sei K das volle Urbild dieses Komple-
mentes bei ϕ. Dann gilt: Q $\subseteq$ K, Kϕ·Uϕ=Gϕ, Kϕ∩Uϕ={1ϕ}. Es folgt: (K·U)ϕ=
=Kϕ·Uϕ=Gϕ, also Q·K·U = G, und (K∩U)ϕ $\subseteq$ Kϕ∩Uϕ $\subseteq$ {1ϕ}, also K∩U $\subseteq$ Kern ϕ = Q.
Wegen Q $\subseteq$ K ergibt sich K·U=G, und wegen Q∩U={1} ergibt sich K∩U={1}. Also
ist K Komplement von U.
Zu b) Zunächst eine Vorbemerkung: Ist U eine Untergruppe von G und K ein
Komplement von U, so gilt nach dem Isomorphiesatz (Satz 3.36):
G/U = KU/U $\simeq$ K/U∩K = K/{1} $\simeq$ K, also insbesondere $\frac{|G|}{|U|}$ = |K|. Da nun offen-
bar alle primären p-Faktoren von G dieselbe Ordnung haben, haben auch alle
Komplemente von primären p-Faktoren von G dieselbe Ordnung.
Seien nun U,V primäre p-Faktoren von G, und sei K ein Komplement von U und
L ein Komplement von V. Zu zeigen ist K $\simeq$ L. Sei u ein erzeugendes Element
von U. Wegen G=VL gibt es ein v∈V und ein l∈L mit u=vl.
1.Fall: v erzeugt V. Dann gilt wegen v = ul^{-1} : V=<v> $\subseteq$ UL. Da auch L $\subseteq$
$\subseteq$ UL gilt, folgt G=VL $\subseteq$ UL $\subseteq$ G, also G=UL. Nach der Vorbemerkung und Satz
3.11 folgt:|UL|=|G|=|U|·|K|=|U|·|L|=|UL|·|U∩L|, also |U∩L|=1, d.h. U∩L={1}.
Daher ist auch L ein Komplement von U, und es folgt: K $\simeq$ G/U $\simeq$ L.
2.Fall:v erzeugt V nicht. Dann ist die Ordnung von v eine echt kleinere p-
Potenz als |V|=|U|=o(u). Also gilt (wegen l=v^{-1}u) o(l)=o(u)=|U|. Daher ist
<l> eine zyklische Untergruppe von L der Ordnung |U|=|V|, und damit ein
primärer p-Faktor von L. Nach a) gibt es ein Komplement M von <l> in L.
Wegen V∩L={1} und M $\subseteq$ L ist V∩M={1}. Also gilt (da <l>,V zyklische Gruppen
derselben Ordnung und daher isomorph sind): VM $\simeq$ V×M $\simeq$ <l> × M $\simeq$ <l> M = L,
also insbesondere |VM|=|L|. Wegen l∈UV ist <l> $\subseteq$ UVM. Es folgt: G=VL=V<l>M $\subseteq$
$\subseteq$ UVM $\subseteq$ G, d.h.: G=UVM. Für die Untergruppen U, VM ergibt sich wieder wie
im 1.Fall (mit |VM|=|L|), daß VM ein Komplement von U ist. Also folgt:
K $\simeq$ G/U $\simeq$ VM $\simeq$ L. #

4.25 SATZ (*Kennzeichnung der primären Gruppen*) Die primären Gruppen sind
genau die unzerlegbaren endlichen abelschen Gruppen, d.h. genau diejenigen
endlichen abelschen Gruppen, die sich nur auf triviale Weise als ein
direktes Produkt zweier Gruppen darstellen lassen.

Beweis. Sei G eine primäre Gruppe, d.h. eine zyklische Gruppe von Primzahl-
potenzordnung. Dann ist G nach Satz 4.7 unzerlegbar.
Sei umgekehrt G eine unzerlegbare endliche abelsche Gruppe. Ist G eine
Einsgruppe, so ist G primär. Sei also jetzt G keine Einsgruppe. Dann gibt
es ein x∈G\{1}. Also ist |<x>|≠1. Sei p ein Primteiler von |<x>|. Nach

Satz 4.5 gibt es eine Untergruppe der Ordnung p von $\langle x \rangle$. Sei U eine zyklische
Untergruppe von G maximaler p-Potenzordnung, d.h. ein primärer p-Faktor von G.
U ist nicht die Einsgruppe, da G eine Untergruppe der Ordnung p besitzt. Nach
Satz 4.24 a) hat U ein Komplement K in G. Also ist $G \simeq K \times U$ (Satz 3.23 b)). Da
G unzerlegbar und U keine Einsgruppe ist, folgt K={1}. Also ist $G \simeq U$, d.h.
G ist primär. #

Analog zur Primfaktorzerlegung von Zahlen folgt aus diesem Satz sofort, daß
jede endliche abelsche Gruppe direktes Produkt von primären Gruppen ist.
Dabei entspricht dem Produkt von Zahlen das direkte Produkt von Gruppen, und
den Primzahlen entsprechen die primären Gruppen. Daß eine endliche abelsche
Gruppe als direktes Produkt einer primären (also insbesondere zyklischen)
Gruppe und einer kleineren abelschen Gruppe darstellbar ist, führt nun
direkt zu der Tatsache, daß für endliche abelsche Gruppen (ebenso wie für
endliche zyklische) der Satz von Lagrange umkehrbar ist.

4.26 FOLGERUNG Jede endliche abelsche Gruppe enthält zu jedem positiven
Teiler t ihrer Ordnung eine Untergruppe der Ordnung t.

Der leichte Beweis, der am besten durch Induktion über die Gruppenordnung
geführt wird, bleibe dem Leser überlassen.

Auch in bezug auf die Eindeutigkeit gilt bei der Zerlegung endlicher
abelscher Gruppen eine zur Primfaktorzerlegung analoge Aussage. Hierfür
ist der folgende Satz von Nutzen, der sich unmittelbar aus Satz 4.24 b)
ergibt:

4.27 FOLGERUNG (*Kürzungsregel für primäre p-Faktoren*) Seien K,L endliche
abelsche Gruppen, {1}×U ein primärer p-Faktor von K×U und {1}×V ein
primärer p-Faktor von L×V (für eine Primzahl p). Dann gilt:
Aus $K \times U \simeq L \times V$ folgt $U \simeq V$ und $K \simeq L$.

Wir fassen zusammen:

4.28 SATZ (*Zerlegungssatz für endliche abelsche Gruppen*) Jede endliche
abelsche Gruppe G ist eindeutig (bis auf die Reihenfolge) als direktes
Produkt nicht-trivialer primärer Gruppen darstellbar, d.h. es gibt nicht-
triviale primäre Gruppen $U_0,\ldots,U_n$ mit $G \simeq U_0 \times \ldots \times U_n$, und sind $V_0,\ldots,V_m$
ebenfalls nicht-triviale primäre Gruppen mit $G \simeq V_0 \times \ldots \times V_m$, so ist n=m
und es gibt eine Permutation $\pi \in S_{n+1}$ mit $U_i \simeq V_{i\pi}$.

Den Beweis dieses sogenannten *Hauptsatzes über endliche abelsche Gruppen*
kann man, wie bereits erwähnt, mit Hilfe von Satz 4.25 und Folgerung 4.27
vollständig analog zum Beweis des Primfaktorzerlegungssatzes führen.

Mit diesem Satz kann man zu jeder konkret gegebenen natürlichen Zahl n (bis auf Isomorphie) alle abelschen Gruppen der Ordnung n bestimmen, indem man die verschiedenen Möglichkeiten, n als Produkt von Primzahlpotenzen darzustellen, aufzählt. So gibt es z.B. bis auf Isomorphie genau vier abelsche Gruppen der Ordnung 180, denn $180=2^2 \cdot 3^2 \cdot 5$ läßt die folgenden vier verschiedenen Darstellungen zu: $180=4 \cdot 9 \cdot 5=4 \cdot 3 \cdot 3 \cdot 5=2 \cdot 2 \cdot 9 \cdot 5=2 \cdot 2 \cdot 3 \cdot 3 \cdot 5$, und diesen entsprechen die folgenden vier abelschen Gruppen: $\mathbb{Z}_4 \times \mathbb{Z}_9 \times \mathbb{Z}_5$, $\mathbb{Z}_4 \times \mathbb{Z}_3 \times \mathbb{Z}_3 \times \mathbb{Z}_5$, $\mathbb{Z}_2 \times \mathbb{Z}_2 \times \mathbb{Z}_9 \times \mathbb{Z}_5$, $\mathbb{Z}_2 \times \mathbb{Z}_2 \times \mathbb{Z}_3 \times \mathbb{Z}_3 \times \mathbb{Z}_5$.

Die Analogie zwischen der Teilbarkeitstheorie und der Theorie der endlichen abelschen Gruppen ist augenfällig. Man kann sie durch die folgende Begriffsbildung weiter konkretisieren:

> Für beliebige endliche abelsche Gruppen G,H bedeute "G teilt H" (in
> Zeichen: G|H), daß es ein endliche abelsche Gruppe F gibt mit G×F $\simeq$ H.

Diese *Teilerbeziehung für endliche abelsche Gruppen* genügt ähnlichen Bedingungen wie die Teilerbeziehung für Zahlen (siehe hierzu die Aufgaben 4.30 und 4.31). So kann man die endlichen abelschen Gruppen gewissermaßen als strukturierte Zahlen auffassen und deren Theorie als eine Art Zahlentheorie. Daß diese Betrachtungsweise auch noch für allgemeinere Gruppen fruchtbar ist, zeigen die Bemerkungen in Abschnitt 5.

AUFGABEN

4.28 Man zeige, daß jede endliche abelsche Gruppe ein Element enthält, dessen Ordnung der Exponent der Gruppe ist.
[Für den Begriff des Exponenten siehe Aufgabe 4.10 .]

4.29 Man bestimme alle abelschen Gruppen der Ordnung 72.

4.30 Man beweise den "euklidischen Hauptsatz für endliche abelsche Gruppen": Für primäre Gruppen P und endliche abelsche Gruppen G,H folgt aus P |G×H stets P |G oder P |H.

4.31 Man beweise die folgende "allgemeine Kürzungsregel für endliche abelsche Gruppen": Für endliche abelsche Gruppen G,H,K,L folgt aus G×K $\simeq$ H×L und K $\simeq$L stets G$\simeq$L .

4.32 Die Booleschen Gruppen sind Gruppen vom Exponenten 2. Allgemein nennt man eine endliche abelsche Gruppe, deren Exponent eine Primzahl oder 1 ist, *elementarabelsch*.
Man zeige, daß jede elementarabelsche Gruppe vom Exponenten p (für eine Primzahl p) isomorph zu einem (vielfachen) direkten Produkt von $\mathbb{Z}_p$ mit sich selbst ist .

5 KONJUGATION (STRUKTURSÄTZE II)

5.1 Die Relation der Konjugiertheit

Mittels Transformation operiert eine Gruppe sowohl auf ihren Elementen als auch auf ihren Teilmengen - man spricht bei dieser Art des Operierens auch von *Konjugieren* -. Durch eingehendes Studium des Konjugierens gewinnt man eine Reihe von strukturellen Aussagen, die ihrerseits von Nutzen bei der Konstruktion spezieller Untergruppen sein können. Der vorliegende Abschnitt soll einen kleinen Einblick in diese Methoden geben.

5.1.1 Konjugierte Teilmengen

5.1 DEFINITION Zwei Teilmengen S,T einer Gruppe G heißen (*unter* G) *konjugiert* (in Zeichen: $S \sim T$), wenn es ein $a \in G$ mit $S^a = T$ gibt. Die Relation $\sim$ heißt die *Konjugation* oder die *Relation der Konjugiertheit* (für Teilmengen von G).

Sei G eine Gruppe. Da die Transformation mit einem Element von G ein Automorphismus von G ist, sind zwei konjugierte Teilmengen von G stets gleichmächtig, und jede zu einer Untergruppe von G konjugierte Teilmenge von G ist wieder eine Untergruppe von G, die zur ersten Untergruppe isomorph ist.

Wie man leicht nachrechnet, ist die Konjugation eine Äquivalenzrelation auf $\mathbb{P}(G)$, und für jede Teilmenge T von G ist $T^{(G)} := \{T^a \mid a \in G\}$ die Äquivalenzklasse, in der T liegt. Wir fassen also zusammen:

5.2 DEFINITION Sei G eine Gruppe. Dann heißen die Äquivalenzklassen der Konjugation die *Konjugiertenklassen von* $\mathbb{P}(G)$ oder die *Bahnen in* $\mathbb{P}(G)$ (*unter* G). Für eine beliebige Teilmenge T von G wird die Konjugiertenklasse, in der T liegt, auch die *Konjugiertenklasse* oder *Bahn von* T genannt und mit $T^{(G)}$ bezeichnet. Die Mächtigkeit einer Bahn nennt man auch die *Länge* dieser Bahn.

Zur Berechnung der Bahnlänge führen wir den Begriff des Normalisators ein:

5.3 DEFINITION Sei G eine Gruppe und T eine Teilmenge von G. Die Menge $N(T) := \{x \mid x \in G, T^x = T\}$ heißt der *Normalisator von* T (*in* G).

Man weist leicht nach, daß der Normalisator einer Teilmenge T einer Gruppe G stets eine Untergruppe von G ist und daß $T \subseteq N(T)$ gilt, falls T selbst eine Untergruppe von G ist; da offenbar T invariant unter $N(T)$ ist, ist $N(T)$ für eine Untergruppe T von G die größte Untergruppe von G, in der T Normalteiler ist.

5.4 SATZ (*Die Bahngleichung für Teilmengen*) Für jede endliche Gruppe G und jede Teilmenge T von G gilt $|T^{(G)}| = |G/N(T)|$.

Beweis. Sei G eine Gruppe und $T \subseteq G$. Für alle $a,b \in G$ sind die folgenden Aussagen der Reihe nach äquivalent: $T^a = T^b$; $(T^a)^{b^{-1}} = T$; $T^{ab^{-1}} = T$; $ab^{-1} \in N(T)$; $N(T)a = N(T)b$. Also ist $T^a \mapsto N(T)a$ eine injektive Abbildung von $T^{(G)}$ in $G/N(T)$. Trivialerweise ist diese Abbildung auch surjektiv. Daher gilt $|T^{(G)}| = |G/N(T)|$. #

Insbesondere ist also für eine endliche Gruppe G die Länge jeder Bahn in $\mathfrak{P}(G)$ ein Teiler von $|G|$.

Die folgenden Sätze sind Anwendungen der Bahngleichung.

5.5 HILFSSATZ Sei G eine endliche Gruppe und U eine Untergruppe von G. Dann gilt für die Konjugiertenklasse K von U:

a) $|\bigcup_{V \in K} V \smallsetminus \{1\}| \leq |G| - \dfrac{|G|}{|U|}$.

b) $|\bigcup_{V \in K} V \smallsetminus \{1\}| = |G| - \dfrac{|G|}{|U|}$, falls N(U)=U ist und je zwei verschiedene zu U

   konjugierte Untergruppen den Durchschnitt {1} haben.

Beweis. Sei G eine endliche Gruppe, U eine Untergruppe von G und K die Konjugiertenklasse von U. Offenbar gilt: $|V|=|U|$ für alle $V \in K$, $|U| \leq |N(U)|$ (wegen $U \subseteq N(U)$) und $|K| = \dfrac{|G|}{|N(U)|}$ (nach der Bahngleichung). Also folgt:

$$|\bigcup_{V \in K} V \smallsetminus \{1\}| = |\bigcup_{V \in K} (V \smallsetminus \{1\})| \leq \sum_{V \in K} |V \smallsetminus \{1\}| = \sum_{V \in K} (|V|-1) = \sum_{V \in K} (|U|-1) = |K|(|U|-1) =$$

$$= \frac{|G|}{|N(U)|}(|U|-1) \leq \frac{|G|}{|U|}(|U|-1) = |G| - \frac{|G|}{|U|} .$$ Damit ist a) bewiesen.

Anstelle des ersten $\leq$-Zeichens kann ein $=$-Zeichen gesetzt werden, falls für alle $V,W \in K$ mit $V \neq W$ gilt: $V \cap W = \{1\}$, also $(V \smallsetminus \{1\}) \cap (W \smallsetminus \{1\}) = \emptyset$; und anstelle des zweiten $\leq$-Zeichens kann ein $=$-Zeichen gesetzt werden, falls N(U)=U, also $|N(U)| = |U|$ gilt. Damit ist auch b) bewiesen. #

Unmittelbar aus der Behauptung a) dieses Hilfssatzes folgt:

5.6 FOLGERUNG Eine endliche Gruppe kann nie die Vereinigung aller zu einer echten Untergruppe konjugierten Untergruppen sein.

5.7 SATZ Sei G eine endliche Gruppe, und seien U,V Untergruppen von G mit $|U| \cdot |V| = |G|$ und $\mathrm{ggT}(|U|,|V|) = 1$. Ist dann die Ordnung jeder echten Untergruppe von G $|U|$ oder ein Teiler von $|V|$, so ist U oder V ein Normalteiler von G.

Beweis. Seien G,U,V wie in der Behauptung vorausgesetzt. Wir können voraussetzen, daß U kein Normalteiler von G ist. Zu zeigen ist dann, daß V ein Normalteiler von G ist, d.h., daß V invariant ist. Wir zeigen, daß für U die Voraussetzungen von Hilfssatz 5.5 b) erfüllt sind.

Annahme: $N(U) \neq U$. Dann ist $N(U)$ eine echte Untergruppe von G (denn U ist kein Normalteiler von G) mit $|U| < |N(U)|$ (wegen $U \subsetneqq N(U)$). Also gilt nach Voraussetzung $|N(U)| \, | \, |V|$. Da auch $|U| \, | \, |N(U)|$ gilt, folgt $|U| \, | \, |V|$, also $1 = \text{ggT}(|U|,|V|) = |U|$, d.h. U ist die Einsuntergruppe, im Widerspruch zur Voraussetzung, daß U kein Normalteiler von G ist. Also gilt $N(U) = U$.

Seien W,X zwei verschiedene zu U konjugierte Untergruppen. Dann gilt: $W \cap X \subsetneqq W$, $|W \cap X| < |W| = |U|$. Nach Voraussetzung folgt daher: $|W \cap X| \, | \, |V|$. Da andererseits auch $|W \cap X| \, | \, |W| = |U|$ gilt, folgt (da $|U|,|V|$ teilerfremd sind) $|W \cap X| = 1$, d.h. $W \cap X = \{1\}$. Also haben je zwei verschiedene zu U konjugierte Untergruppen den Durchschnitt $\{1\}$. Mit Hilfssatz 5.5 b) folgt für die Konjugiertenklasse $\mathcal{K}$ von U:

$$\left| \bigcup_{W \in \mathcal{K}} W \smallsetminus \{1\} \right| = |G| - \frac{|G|}{|U|}.$$

Für jede zu U konjugierte Untergruppe W gilt $|W| = |U|$, also $\text{ggT}(|W|,|V|) = 1$, und damit: $V \cap W = \{1\}$ (Folgerung 3.12 a)). Also folgt:

$V \cap (\bigcup_{W \in \mathcal{K}} W \smallsetminus \{1\}) = \emptyset$, d.h. $\bigcup_{W \in \mathcal{K}} W \smallsetminus \{1\} \subseteq G \smallsetminus V$. Wie eben gezeigt, gilt: $\left| \bigcup_{W \in \mathcal{K}} W \smallsetminus \{1\} \right| =$

$= |G| - \frac{|G|}{|U|} = |G| - |V| = |G \smallsetminus V|$ (wegen $|U| \cdot |V| = |G|$). Also folgt: $\bigcup_{W \in \mathcal{K}} W \smallsetminus \{1\} = G \smallsetminus V.$

Offenbar ist $\bigcup_{W \in \mathcal{K}} W$ invariant. Also ist auch $G \smallsetminus V$ und damit V invariant. #

Wie wir bereits mehrfach erwähnt haben, ist ein wichtiges Ziel der Strukturtheorie über Gruppen die Konstruktion von nicht-trivialen Normalteilern. Der obige Satz ist ein Beispiel für einen solchen Existenzbeweis; er ist freilich nur auf ganz spezielle Gruppen anwendbar. Gruppen, die keine nicht-trivialen Normalteiler besitzen, erfordern offensichtlich besondere Methoden der Analyse. Man hebt sie daher durch eine Definition besonders hervor:

5.8 DEFINITION Eine Gruppe, die keine Einsgruppe ist und nur die trivialen Normalteiler enthält, heißt *einfach*.

Eine einfache Gruppe, deren Struktur aber häufig keinesfalls "einfach" ist, kann also sozusagen nicht mehr weiter zerlegt werden, d.h. ihre nicht-trivialen homomorphen Bilder (oder auch Faktorgruppen) sind isomorph zu ihr, bringen also für die Analyse ihrer Struktur nichts Neues. (Die kleinste einfache, nicht-abelsche Gruppe ist A_5 - siehe hierzu die Aufgaben 5.9, 5.21, 5.28 sowie Satz 5.24). Demgemäß spielen Nicht-Einfachheits-Kriterien in der Gruppentheorie eine große Rolle. Ein Beispiel für ein solches hinreichendes Kriterium ist Satz 3.38. Für abelsche Gruppen ist die Existenz von Normalteilern kein Problem, da jede Untergruppe einer abelschen Gruppe invariant ist - überhaupt ist die Theorie des Konjugierens für abelsche Gruppen ja trivial, da die Transformation mit einem Element einer abelschen Gruppe die Identität auf ihr ist. Insbesondere sind also die einfachen abelschen Gruppen (nach Folgerung 3.9 und Folgerung 4.26) genau die Gruppen von Primzahlordnung.

Ein weiteres Beispiel für ein Nicht-Einfachheitskriterium ist:

5.9 SATZ Jede endliche nicht-abelsche Gruppe, deren echte Untergruppen alle abelsch sind, ist nicht einfach.

Beweis. Sei G eine endliche nicht-abelsche Gruppe, deren echte Untergruppen alle abelsch sind.

Annahme: G ist einfach. Dann hat G ein triviales Zentrum, denn da G nicht abelsch ist, ist $C(G)$ ein echter Normalteiler von G. Wir betrachten nun die sogenannten maximalen Untergruppen von G, d.h. die echten Untergruppen von G, die von keiner echten Untergruppe von G echt umfaßt werden. Zunächst zeigen wir, daß je zwei verschiedene maximale Untergruppen von G den Durchschnitt $\{1\}$ haben. Seien also U,V maximale Untergruppen von G mit $U \neq V$. Dann gilt $U \not\subseteq V$, also $V \subsetneq U \cup V \subseteq \langle U \cup V \rangle$, d.h. $\langle U \cup V \rangle = G$. U,V sind als echte Untergruppen von G abelsch. Also ist jedes Element von $U \cap V$ mit jedem Element von $U \cup V$, und daher auch mit jedem Element von $\langle U \cup V \rangle = G$ vertauschbar, d.h. es gilt $U \cap V \subseteq C(G) = \{1\}$, also $U \cap V = \{1\}$.

$\{1\}$ ist keine maximale Untergruppe von G, denn andernfalls enthielte G nur die trivialen Untergruppen und wäre damit zyklisch im Widerspruch zur Voraussetzung, daß G nicht abelsch ist. Also ist jede maximale Untergruppe von G eine nicht-triviale Untergruppe von G und daher kein Normalteiler. Damit gilt für jede maximale Untergruppe U von G: $N(U) = U$, denn wegen $U \subseteq N(U)$ gilt $N(U) = U$ oder $N(U) = G$, und $N(U) = G$ würde bedeuten, daß U Normalteiler von G ist.

Für jede maximale Untergruppe U von G sind also die Voraussetzungen von Hilfssatz 5.5 b) erfüllt (mit U sind offenbar auch alle zu U konjugierten Untergruppen maximal), und es folgt für die Konjugiertenklasse $\mathcal{K}$ von U:
$$\left| \bigcup_{W \in \mathcal{K}} W \smallsetminus \{1\} \right| = |G| - \frac{|G|}{|U|} \,.$$
Da G keine Einsgruppe ist, gibt es eine maximale Untergruppe U von G (nämlich z.B. eine echte Untergruppe von G mit möglichst großer Ordnung). Sei $\mathcal{K}$ die Konjugiertenklasse von U. Dann ist nach Folgerung 5.6 $G \neq \bigcup_{W \in \mathcal{K}} W$. Es gibt also ein $a \in G \smallsetminus \bigcup_{W \in \mathcal{K}} W$. Da $\langle a \rangle$ eine echte Untergruppe von G ist (G ist nicht abelsch), gibt es eine $\langle a \rangle$ umfassende maximale Untergruppe V von G. Wegen $a \in V$ gilt $V \not\subseteq \bigcup_{W \in \mathcal{K}} W$, also $V \neq W$ für alle $W \in \mathcal{K}$, d.h. V ist nicht zu U konjugiert. Für die Konjugiertenklasse $\mathcal{L}$ von V gilt also $\mathcal{K} \cap \mathcal{L} = \emptyset$. Für $\mathcal{K}$ und $\mathcal{L}$ gilt nach Hilfssatz 5.5 b): $\left| \bigcup_{W \in \mathcal{K}} W \smallsetminus \{1\} \right| = |G| - \frac{|G|}{|U|}$, $\left| \bigcup_{X \in \mathcal{L}} X \smallsetminus \{1\} \right| = |G| - \frac{|G|}{|V|}$.

Wegen $K \cap L = \emptyset$ gilt für alle $W \in K$ und $X \in L$: $W \neq X$, also $W \cap X = \{1\}$ (wie oben bewiesen). Also ist $(\bigcup_{W \in K} W \smallsetminus \{1\}) \cap (\bigcup_{X \in L} X \smallsetminus \{1\}) = \emptyset$. Insgesamt ergibt sich nun: $|G| - 1 =$

$$= |G \smallsetminus \{1\}| \geq |(\bigcup_{W \in K} W \smallsetminus \{1\}) \cup (\bigcup_{X \in L} X \smallsetminus \{1\})| = |\bigcup_{W \in K} W \smallsetminus \{1\}| + |\bigcup_{X \in L} X \smallsetminus \{1\}| = |G| - \frac{|G|}{|U|} +$$

$+ |G| - \frac{|G|}{|V|}$. Hieraus folgt: $|G| - \frac{|G|}{|U|} + |G| - \frac{|G|}{|V|} < |G|$, also $|G| < \frac{|G|}{U} + \frac{|G|}{V}$ und damit $1 < \frac{1}{|U|} + \frac{1}{|V|}$. Da U, V nicht-triviale Untergruppen von G sind, gilt $|U|, |V| \geq 2$, womit sich der Widerspruch $1 < \frac{1}{|U|} + \frac{1}{|V|} \leq \frac{1}{2} + \frac{1}{2} = 1$ ergibt. #

AUFGABEN

5.1 Sei G eine Gruppe, U eine Untergruppe von G und K die Konjugiertenklasse von U. Man zeige für $D := \bigcap_{V \in K} V$:

a) D ist ein Normalteiler von G.

b) D ist der Kern des in Satz 3.37 eingeführten Homomorphismus ψ, der jedem Element aus G seine Rechtsschiebung auf G/U zuordnet.

5.2. Man gebe eine endliche Gruppe G und eine Untergruppe U von G an mit $U \neq N(U) \neq G$.

5.3 Man zeige mit Hilfe von Satz 3.18 und Hilfssatz 3.17: Hat eine Untergruppe U einer endlichen Gruppe G eine Ordnung, die zu ihrem Index teilerfremd ist, so ist $N(U) = N(N(U))$.

5.4 Man zeige die folgende Verallgemeinerung der Bahngleichung: Sei G eine Gruppe, U eine Untergruppe von G und T eine Teilmenge von G. Dann gilt für $T^{(U)} := \{T^u \mid u \in U\}$: $|T^{(U)}| = |U/N(T) \cap U|$.

5.5 Man zeige mit Hilfe von Satz 5.9: Alle Gruppen der Ordnung pq und p^3 (wobei p, q Primzahlen sind) sind nicht-einfach.

5.1.2 Konjugierte Elemente

Beschränkt man sich bei der Relation der Konjugiertheit für die Teilmengen einer Gruppe G auf einelementige Teilmengen, so erhält man die Relation der Konjugiertheit für Elemente von G: Sind $a, b \in G$, so bedeutet $\{a\} \sim \{b\}$ offenbar, daß a in b durch einen inneren Automorphismus von G transformierbar ist, d.h., daß es ein $c \in G$ gibt mit $a^c = b$; a, b nennt man dann ebenfalls konjugiert, und diese Relation auf G wird ebenfalls mit $\sim$ bezeichnet (was im allgemeinen zu keinen Mißverständnissen führt). Offenbar ist $\sim$ wieder eine Äquivalenzrelation auf G, und für jedes $a \in G$ ist $a^{(G)} := \{a^x \mid x \in G\}$ die Äquivalenzklasse, in der a liegt. Wir fassen also zusammen:

5.10 DEFINITION Sei G eine Gruppe. Zwei Elemente a,b aus G heißen (*in* G) *konjugiert* (in Zeichen: a ~ b), wenn es ein c∈G gibt mit a^c=b. Die Äquivalenzklassen dieser Relation heißen (*Element-*) *Konjugiertenklassen* (*von* G), und die Menge der Konjugiertenklassen von G sei mit G/~ bezeichnet.

Für jedes a∈G heißt die Konjugiertenklasse, in der a liegt, also die Menge $a^{(G)}$:={a^x|x∈G} auch die *Bahn von* a (*unter* G).

Durch Einschränkung auf einelementige Teilmengen erhält man aus Satz 5.4 eine Bahngleichung für Elemente (dabei schreiben wir für ein Gruppenelement a statt N({a}) kurz N(a)):

5.11 SATZ (*Die Bahngleichung für Elemente*) Für jede endliche Gruppe G und jedes Element a aus G gilt $|a^{(G)}|$=|G/N(a)|.

Insbesondere ist also die Länge einer Bahn eines Elementes einer endlichen Gruppe stets ein Teiler der Gruppenordnung.

Ist T eine invariante Teilmenge einer Gruppe G, so enthält T offenbar mit jedem Element alle dessen Konjugierte, d.h., T ist eine Vereinigung voller Konjugiertenklassen von G. Beachtet man dabei, daß die einelementigen Konjugiertenklassen von G gerade die einelementigen Teilmengen des Zentrums von G sind, so erhält man damit die sogenannte Klassengleichung:

5.12 SATZ (*Die Klassengleichung*) Für jede endliche Gruppe G und jede invariante Teilmenge T von G gilt: $|T|=|C(G)\cap T|+\sum_{K\in\mathfrak{C}}|K|$, wobei $\mathfrak{C}$ die Menge der in T enthaltenen mindestens zweielementigen Konjugiertenklassen von G sei.

Insbesondere gilt für G selbst: $|G|=|C(G)|+\sum_{\substack{K\in G/\sim \\ |K|\neq 1}}|K|$.

Eine Anwendung der Klassengleichung liefert die Tatsache, daß jede nicht-triviale p-Gruppe ein nicht-triviales Zentrum hat. Dabei heißt eine endliche Gruppe, deren Ordnung eine Potenz einer Primzahl p ist, eine p-*Gruppe*.

5.13 SATZ Jede nicht-triviale p-Gruppe (für eine Primzahl p) hat ein nicht-triviales Zentrum.

Beweis. Sei G eine Gruppe der Ordnung p^n, wobei p eine Primzahl und n eine natürliche Zahl sei. Nach der Klassengleichung gilt $|G|=|C(G)|+\sum_{\substack{K\in G/\sim \\ |K|\neq 1}}|K|$. Da für jedes

K∈G/~ nach der Bahngleichung gilt: $|K|\,|\,|G|=p^n$ und da p^n nur von Potenzen von p geteilt wird, gilt für jedes K∈G/~ mit $|K|\neq 1$: $p\,|\,|K|$. Also folgt: $p\,|\,\sum_{\substack{K\in G/\sim \\ |K|\neq 1}}|K|$. Da auch $p \mid |G|$ (wegen $n \in \mathbb{N}$) gilt, ergibt sich $p \mid |C(G)|$, d.h., das Zentrum von G ist nicht die Einsuntergruppe. #

Eine weitere Anwendung der Klassengleichung besteht darin, daß man mit ihrer Hilfe gegebenenfalls einen Überblick über die möglichen Ordnungen von Normalteilern einer endlichen Gruppe gewinnen kann. Denn da ein Normalteiler eine invariante Teilmenge ist, muß seine Ordnung ein Teiler der Gruppenordnung sein, der sich additiv aus den Mächtigkeiten von Konjugiertenklassen zusammensetzt, wobei die 1 als Summand auftritt, da {1} eine Konjugiertenklasse ist, die im Normalteiler liegt. Als Beispiel hierzu betrachte man die Gruppe A_5 (siehe Aufgabe 5.9).

Der Normalisator eines einzelnen Elementes einer Gruppe ist die Menge aller Elemente der Gruppe, die mit diesem Element vertauschbar sind. Dies führt (verallgemeinert auf Mengen) zu dem nützlichen Begriff des Zentralisators:

5.14 DEFINITION Sei G eine Gruppe und T eine Teilmenge von G. Die Menge $C(T):=$ $:=\{x \mid tx=xt$ für alle $t \in T\}$ heißt der *Zentralisator von* T (*in* G). Anstelle von $C(\{a\})$ (für $a \in G$) schreiben wir auch kurz $C(a)$.

Wie man leicht nachrechnet, gilt:

5.15 HILFSSATZ (*Der Zentralisator*) Sei G eine Gruppe und T eine Teilmenge von G. Dann ist $C(T)$ ein Normalteiler von $N(T)$. Ist T eine abelsche Untergruppe von G, so gilt $T \subseteq C(T)$, und T liegt im Zentrum von $C(T)$.
T liegt genau dann im Zentrum von G, wenn $C(T)=G$ gilt. Insbesondere ist das Zentrum von G der Zentralisator von G.
Ist $|T|=1$, so ist $C(T)=N(T)$.

Für die Analyse, wie eine Gruppe auf einer anderen Gruppe operiert, ist oft der folgende Hilfssatz von Nutzen (siehe z.B. Aufgabe 5.10), der eine Verallgemeinerung von Folgerung 3.35 darstellt:

5.16 HILFSSATZ Für jede Gruppe G und jede Untergruppe U von G ist $N(U)/C(U)$ isomorph zu einer Untergruppe von Aut U.

Beweis. Sei G eine Gruppe und U eine Untergruppe von G. Nach Hilfssatz 5.15 ist $C(U)$ ein Normalteiler von $N(U)$. U ist ein Normalteiler von $N(U)$. Also wird U durch jedes Element aus $N(U)$ in sich transformiert. Sei τ die Abbildung, die jedem $x \in N(U)$ den auf U eingeschränkten inneren Automorphismus τ_x zuordnet. τ ist offenbar ein Homomorphismus von $N(U)$ in Aut U mit Kern $\tau = C(U)$. Das Bild von $N(U)$ bei τ ist also eine Untergruppe von Aut U , die nach dem Homomorphiesatz isomorph zu $N(U)/C(U)$ ist. #

AUFGABEN

5.6 Man zeige, daß für jede endliche Gruppe G gilt: $|G/\sim| = \frac{1}{|G|} \sum_{x \in G} |N(x)|$.

5.7 Man zeige mit Hilfe von Satz 5.13 und Folgerung 3.30 noch einmal, daß jede Gruppe von Primzahlquadratordnung abelsch ist.

5.8 Man zeige mit Hilfe von Satz 5.13 und Folgerung 3.30, daß für jede nicht-abelsche Gruppe G der Ordnung p^3 (für eine Primzahl p) gilt: Die Kommutatorgruppe von G ist das Zentrum von G und hat die Ordnung p.(Siehe auch Aufgabe 3.32 a).)

5.9 a) Man zeige, daß die Gruppe A_5 fünf Konjugiertenklassen hat. Ihre Mächtigkeiten sind 1,20,15,12,12.
     [Hinweis: Konjugierte Permutationen haben stets dieselbe Anzahl von Fixelementen.]
   b) Man zeige, daß A_5 einfach ist.

5.10 Man zeige (in Verallgemeinerung von 3.2.4), daß jede Gruppe der Ordnung pq, wobei p,q Primzahlen sind mit p<q und $p \nmid q-1$, zyklisch ist.
[Hinweis: Man verwende Aufgabe 5.5, Hilfssatz 5.16, Satz 4.14 und Folgerung 4.23.]

5.11 Man zeige (unter Verwendung von Hilfssatz 5.16 und Satz 4.14): Sei G eine endliche Gruppe, p der kleinste Primteiler von $|G|$ und P eine Untergruppe der Ordnung p von G. Dann gilt:
a) $N(P) = C(P)$.
b) Für $x,y \in P$ folgt aus $x \sim y$ stets $x = y$.
c) Ist P ein Normalteiler von G, so liegt P im Zentrum von G.

5.12 Man zeige, daß für jede Gruppe G und alle Teilmengen S,T von G gilt:
a) Aus $S \subseteq T$ folgt $C(T) \subseteq C(S)$. b) $T \subseteq C(C(T))$. c) $C(T) = C(C(C(T)))$.

5.1.3 Zyklische Zahlen

Zu jeder Primzahl gibt es nur zyklische Gruppen dieser Ordnung. Es gibt auch Nicht-Primzahlen mit dieser Eigenschaft: Die Zahl 15 und allgemeiner jedes Primzahlprodukt pq mit p<q und $p \nmid q-1$ (siehe Aufgabe 5.10). Wir untersuchen nun allgemein die Frage, welche natürlichen Zahlen diese Eigenschaft haben.

5.17 DEFINITION Eine natürliche Zahl n mit der Eigenschaft, daß jede Gruppe der Ordnung n zyklisch ist, daß also $\mathbb{Z}_n$ bis auf Isomorphie die einzige Gruppe der Ordnung n ist, heißt *zyklisch*.

Die in Aufgabe 5.10 genannte Bedingung für Primzahlen p,q ist äquivalent zu der Bedingung "pq und $\phi(pq)=(p-1)(q-1)$ sind teilerfremd". Wir werden in diesem Abschnitt beweisen, daß die zyklischen Zahlen genau die natürlichen Zahlen n mit der Eigenschaft "n,$\phi(n)$ sind teilerfremd" sind. Dabei wird deutlich, wie die bisher erarbeiteten strukturellen Hilfsmittel eingesetzt werden können.

5.18 HILFSSATZ Für jede natürliche Zahl n, die teilerfremd zu $\phi(n)$ ist, gilt:
a) Jeder positive Teiler t von n ist wieder teilerfremd zu $\phi(t)$.
b) n ist quadratfrei.

Beweis. Sei $n \in \mathbb{N}$, und seien n,$\phi(n)$ teilerfremd.
Zu a) Sei $t \in \mathbb{N}$ mit t|n. Dann gilt nach Folgerung 4.19 $\phi(t)|\phi(n)$. Sei nun $g \in \mathbb{N}$ mit g|t,$\phi(t)$. Dann folgt g|n,$\phi(n)$, also g=1. Also sind t,$\phi(t)$ teilerfremd.
Zu b) Annahme: n ist nicht quadratfrei. Dann gibt es eine Primzahl p mit $p^2|n$. Nach a) folgt, daß $p^2,\phi(p^2)=(p-1)p$ teilerfremd sind, was offenbar ein Widerspruch ist. #

5.19 SATZ Zu jeder natürlichen Zahl n, die nicht teilerfremd zu $\phi(n)$ ist, gibt es eine nicht-zyklische Gruppe der Ordnung n.

Beweis. Sei $n \in \mathbb{N}$, und seien n,$\phi(n)$ nicht teilerfremd.
1.Fall: n ist nicht quadratfrei. Dann gibt es eine Primzahl p mit $p^2|n$. Also sind $p,m:=\frac{n}{p}$ nicht teilerfremd. Nach Satz 4.7 ist daher $\mathbb{Z}_p \times \mathbb{Z}_m$ eine nicht-zyklische Gruppe der Ordnung pm=n.
2.Fall: n ist quadratfrei. Da n,$\phi(n)$ nicht teilerfremd sind, gibt es eine Primzahl p mit p|n,$\phi(n)$. Da n quadratfrei ist, sind $p,m:=\frac{n}{p}$ teilerfremd. Also gilt wegen der Multiplikativität von ϕ: $\phi(n)=\phi(pm)=\phi(p)\phi(m)=(p-1)\phi(m)$. Es folgt p|(p-1)$\phi(m)$. Da p, p-1 teilerfremd sind, folgt mit dem euklidischen Hauptsatz: p|$\phi(m)$. Nach Satz 4.14 ist Aut$\mathbb{Z}_m$ abelsch und hat die Ordnung $\phi(m)$. Also gibt es nach Folgerung 4.26 eine Untergruppe U der Ordnung p von Aut$\mathbb{Z}_m$. Das halbdirekte Produkt $U \times_\iota \mathbb{Z}_m$ ist offenbar eine nicht-abelsche, und damit erst recht nicht-zyklische Gruppe der Ordnung pm=n. #

5.20 SATZ Jede endliche Gruppe G, deren Ordnung |G| teilerfremd zu $\phi(|G|)$ ist, ist zyklisch.

Beweis. Wir beweisen die Behauptung durch Induktion über die Gruppenordnung. Sei also G eine endliche Gruppe, und seien |G|,$\phi(|G|)$ teilerfremd. Für jede Gruppe echt kleinerer Ordnung als |G| sei die Behauptung wahr. Zu zeigen ist, daß G zyklisch ist. Da nach Hilfssatz 5.18 |G| quadratfrei ist, genügt es nach Folgerung 4.23 zu zeigen, daß G abelsch ist.
Annahme: G ist nicht abelsch. Für jede echte Untergruppe U von G gilt |U| |G| und |U|<|G|, d.h. jede echte Untergruppe von G ist nach Hilfssatz 5.18 und Induktionsvoraussetzung zyklisch und damit insbesondere abelsch. Daher ist auf

G Satz 5.9 anwendbar, und es folgt, daß G einen nicht-trivialen Normalteiler N enthält. Wieder nach Hilfssatz 5.18 und Induktionsvoraussetzung folgt, daß N und G/N zyklisch sind. Da N Normalteiler von G ist, ist G der Normalisator von N. Also folgt mit Hilfssatz 5.16, daß $G/C(N)$ isomorph zu einer Untergruppe von AutN ist, d.h. es gilt $|G/C(N)| \mid |AutN|$. Da N zyklisch ist, ist $|AutN| = \phi(|N|)$ (Satz 4.14). Wegen $|N| \mid |G|$ folgt $\phi(|N|) \mid \phi(|G|)$ (Folgerung 4.19). Also gilt $|G/C(N)| \mid \phi(|G|)$. Andererseits gilt auch $|G/C(N)| \mid |G|$. Also gilt, da nach Voraussetzung $|G|, \phi(|G|)$ teilerfremd sind: $|G/C(N)|=1$, d.h. $G=C(N)$. Dies bedeutet, daß N im Zentrum von G liegt (Hilfssatz 5.15). Da außerdem G/N zyklisch ist, folgt mit Satz 3.29, daß G abelsch ist, im Widerspruch zur Voraussetzung. #

Die Zusammenfassung von Satz 5.19 und Satz 5.20 ergibt also:

5.21 SATZ (*Bestimmung aller zyklischen Zahlen*) Die zyklischen Zahlen sind genau die natürlichen Zahlen n mit der Eigenschaft: $n, \phi(n)$ sind teilerfremd.

AUFGABEN

5.13 Man zeige, daß für eine natürliche Zahl n>2 stets $\phi(n)$ gerade ist und beweise damit, daß alle zyklischen Zahlen $\neq 2$ ungerade sind.

5.14 Man bestimme alle zyklischen Zahlen ≤ 100.

5.2 Konstruktion von p-Untergruppen

Bei der Bestimmung aller Gruppen einer Ordnung ≤ 15 in Abschnitt 3.5 wurde die grundsätzliche Schwierigkeit offenbar, Untergruppen von gewünschter Ordnung zu konstruieren. Für endliche abelsche Gruppen ist das Problem gelöst, wie wir in Abschnitt 4.3 gezeigt haben, denn jede endliche abelsche Gruppe enthält zu jedem positiven Teiler t ihrer Ordnung eine Untergruppe der Ordnung t (Folgerung 4.26). Die entsprechende Aussage für beliebige endliche Gruppen ist falsch (siehe Aufgabe 3.24 b)). Jedoch kann man Abschwächungen davon beweisen. Der folgende Satz von Cauchy ist eine solche Aussage, die von fundamentaler Bedeutung für die Gruppentheorie ist.

5.22 SATZ (*Satz von Cauchy*) Jede endliche Gruppe enthält zu jeder Primzahlpotenz t, die ihre Ordnung teilt, eine Untergruppe der Ordnung t.

Beweis. Wir beweisen die Behauptung durch Induktion über die Gruppenordnung. Sei also G eine endliche Gruppe, und für jede Gruppe echt kleinerer Ordnung als $|G|$ sei die Behauptung wahr. Sei $t:=p^k$ für eine Primzahl p und ein $k \in \mathbb{N}_0$ mit $t \mid |G|$. Ist t=1, so ist die Einsgruppe von G eine Untergruppe von G der Ordnung t. Wir können also jetzt $t \neq 1$ voraussetzen. Es ist dann $k \in \mathbb{N}$, und es folgt $p \mid |G|$.

1.Fall: Es gibt eine Konjugiertenklasse $K \in G/\sim$ mit $|K| \neq 1$ und $p \nmid |K|$. Dann gibt es ein $a \in G \setminus C(G)$ mit $K = a^{(G)}$. Nach der Bahngleichung ist $|K| = |G/N(a)|$. Wegen $p \nmid |K|$ sind $p^k = t$, $|K| = |G/N(a)|$ teilerfremd. Daher folgt aus $t \mid |G| = |G/N(a)| \cdot |N(a)|$ mit dem euklidischen Hauptsatz: $t \mid |N(a)|$. Wegen $a \notin C(G)$ gilt $C(a) \neq G$ (Hilfssatz 5.15), d.h., $N(a) = C(a)$ ist eine echte Untergruppe von G. Nach Induktionsvoraussetzung gibt es daher eine Untergruppe U von $N(a)$ der Ordnung t, und U ist natürlich auch eine Untergruppe von G.

2.Fall: Für alle Konjugiertenklassen $K \in G/\sim$ mit $|K| \neq 1$ gilt $p \mid |K|$. Dann gilt auch

$$p \,\Big|\, \sum_{\substack{K \in G/\sim \\ |K| \neq 1}} |K|.$$

Nach der Klassengleichung: $|G| = |C(G)| + \sum_{\substack{K \in G/\sim \\ |K| \neq 1}} |K|$ folgt also, da $p \mid |G|$

gilt: $p \mid |C(G)|$. Da $C(G)$ eine abelsche Gruppe ist, enthält sie daher nach Folgerung 4.26 eine Untergruppe P der Ordnung p. P ist als Untergruppe von $C(G)$ ein Normalteiler von G. Für die Faktorgruppe G/P gilt: $|G/P| = \frac{|G|}{|P|} = \frac{|G|}{p} < |G|$ und $\frac{t}{p} \,\Big|\, \frac{|G|}{p} = |G/P|$ (wegen $t = p^k \mid |G|$). Also gibt es nach Induktionsvoraussetzung eine Untergruppe von G/P der Ordnung $\frac{t}{p}$, d.h., es gibt eine P umfassende Untergruppe U von G mit $|U/P| = \frac{t}{p}$. Hieraus folgt: $\frac{|U|}{p} = \frac{|U|}{|P|} = |U/P| = \frac{t}{p}$, d.h. $|U| = t$. #

Der Satz von Cauchy zeigt, daß p-Gruppen eine wichtige Gruppen-Klasse bilden, da sie in jeder Gruppe in vielfältiger Weise als Untergruppen vorkommen. Die maximalen p-Untergruppen einer Gruppe, d.h. diejenigen p-Untergruppen, die von keiner p-Untergruppe echt umfaßt werden, nennt man deren p-*Sylowgruppen*. Für diese gilt der sogenannte *Satz von Sylow*:

Für jede endliche Gruppe G und jeden Primteiler p von $|G|$ gilt:
a) Die p-Sylowgruppen von G sind genau die Untergruppen von G, deren Ordnung die höchste in $|G|$ aufgehende p-Potenz ist.
b) Alle p-Sylowgruppen von G sind zueinander konjugiert.
c) Die Anzahl der p-Sylowgruppen von G ist kongruent 1 modulo p.

Auf den Beweis dieses wichtigen Satzes müssen wir, obwohl er mit den bisherigen Hilfsmitteln zu führen ist, aus Platzgründen verzichten. (Siehe Aufgabe 5.16.)

Mit Hilfe des Satzes von Sylow (und auch schon des Satzes von Cauchy) kann man gegebenenfalls die Existenz von nicht-trivialen Normalteilern nachweisen. Der folgende Satz möge dies verdeutlichen. Bei seinem Beweis wirkt der Satz von Cauchy, der die Existenz relativ großer echter Untergruppen aussagt, mit dem Satz 3.38, der aus der Existenz von echten Untergruppen mit relativ kleinem Index auf die Existenz von nicht-trivialen Normalteilern schließt, zusammen.

5.23 SATZ Jede Gruppe, deren Ordnung ein Produkt von zwei oder drei (nicht notwendig verschiedenen) Primzahlen ist, ist nicht-einfach.

Beweis. Sei G eine Gruppe der Ordnung pq, wobei p,q Primzahlen mit p≤q sind. Nach dem Satz von Cauchy enthält G eine Untergruppe der Ordnung q, die nach Folgerung 3.39 ein Normalteiler von G ist.

Sei nun G eine Gruppe der Ordnung pqr, wobei p,q,r Primzahlen mit p≤q≤r sind.

1.Fall: G enthält eine Untergruppe U der Ordnung pr oder qr. Dann enthält U nach Satz 3.38 c) einen nicht-trivialen Normalteiler von G.

2.Fall: G enthält keine Untergruppe der Ordnung pr und keine der Ordnung qr. Dann ist nach Folgerung 4.26 G nicht abelsch. Enthält G auch keine Untergruppe der Ordnung pq, so kommen als Ordnungen für echte Untergruppen von G nur die Zahlen 1,p,q,r in Frage, d.h. alle echten Untergruppen von G sind abelsch, und damit enthält G nach Satz 5.9 einen nicht-trivialen Normalteiler.

Wir können also jetzt voraussetzen, daß G eine Untergruppe V der Ordnung pq enthält. G enthält auch eine Untergruppe U der Ordnung r (Satz von Cauchy). U,V erfüllen die Voraussetzungen von Satz 5.7. Also folgt, daß U oder V Normalteiler von G ist. #

Die Gruppe A_5 ist nach Aufgabe 5.9 b) eine nicht-abelsche einfache Gruppe der Ordnung 60. Daß sie eine kleinste Gruppe mit dieser Eigenschaft ist, sagt der folgende Satz aus:

5.24 SATZ Alle Gruppen einer Ordnung <60 sind von Primzahlordnung oder nicht-einfach.

Beweis. Es muß gezeigt werden, daß jede Gruppe einer Ordnung <60, falls diese Ordnung keine Primzahl ist, nicht-einfach ist. Für die Gruppen, deren Ordnung ein Produkt von höchstens drei Primzahlen ist, ist dies nach Satz 5.23 klar; ebenso für Gruppen, deren Ordnung eine Primzahlpotenz ist (nach Satz 5.13). Es bleiben demnach unter den Zahlen <60 nur die folgenden Ordnungen zu untersuchen: $48=2^4 \cdot 3$, $24=2^3 \cdot 3$, $40=2^3 \cdot 5$, $56=2^3 \cdot 7$, $36=2^2 \cdot 3^2$, $54=2 \cdot 3^3$.

Gruppen der Ordnung $24=2^3 \cdot 3$ oder $48=2^4 \cdot 3$:

Sei G eine Gruppe der Ordnung $2^k \cdot 3$ mit $k \in \{3,4\}$. Nach dem Satz von Cauchy enthält G eine Untergruppe U der Ordnung 2^k. Nach Satz 3.38 a) enthält dann U einen nicht-trivialen Normalteiler von G.

Gruppen der Ordnung $40=2^3 \cdot 5$ oder $56=2^3 \cdot 7$:

Sei G eine Gruppe der Ordnung $2^3 \cdot r$ mit $r \in \{5,7\}$.

1.Fall: G enthält eine Untergruppe U der Ordnung 2r oder 4r. Dann enthält U nach Satz 3.38 c) einen nicht-trivialen Normalteiler von G.

2.Fall: G enthält keine Untergruppe der Ordnung 2r und keine der Ordnung 4r. Nach dem Satz von Cauchy enthält G eine Untergruppe U der Ordnung r und eine Untergruppe V der Ordnung $2^3=8$. Für U,V gelten nun die Voraussetzungen von Satz 5.7. Also ist U oder V Normalteiler von G.

Gruppen der Ordnung $36=2^2 \cdot 3^2$ oder $54=2 \cdot 3^3$:

Sei G eine Gruppe der Ordnung $2^k \cdot 3^l$ mit k=2=l oder k=1, l=3. Nach dem Satz von Cauchy enthält G eine Untergruppe U der Ordnung 3^l. Wieder folgt mit Satz 3.38 a), daß U einen nicht-trivialen Normalteiler von G enthält. #

Mit diesem runden Ergebnis schließen wir die strukturellen Untersuchungen über Gruppen ab und verweisen für weitergehende Fragestellungen und Ergebnisse auf den folgenden Abschnitt.

AUFGABEN

5.15 Sei G eine endliche Gruppe und p ein Primteiler von $|G|$. Man zeige für beliebige p-Sylowgruppen S_1, S_2 von G:

a) $S_1 = S_2$ genau dann, wenn $S_1 \subseteq N(S_2)$.

b) $p \mid |S_1^{(S_2)} \setminus \{S_2\}|$, wobei $S_1^{(S_2)} := \{S_1^x \mid x \in S_2\}$ sei.

   [Hinweis: Man verwende Aufgabe 5.4 .]

c) $p \mid |K \setminus \{S_2\}|$, wobei K die Konjugiertenklasse von S_1 sei.

   [Hinweis: Man zeige, daß $\{S^{(S_2)} \mid S \in K\}$ eine Klasseneinteilung von K ist.]

5.16 Man beweise mit Hilfe von Aufgabe 5.15 den Satz von Sylow (durch geeignete Wahl von S_1, S_2).

5.17 Man zeige, daß jede Gruppe der Ordnung $p^2 q^2$ (wobei p,q Primzahlen sind) nicht-einfach ist.

[Hinweis: Sei G eine Gruppe der Ordnung $p^2 q^2$ mit Primzahlen p,q. Man kann voraussetzen, daß $p \neq q$ ist. Sei U eine p-Sylowgruppe und V eine q-Sylowgruppe von G. Man zeige dann mit Hilfe des Satzes von Sylow, daß U Normalteiler von G oder V Normalteiler von G oder $p^2 q^2 = 36$ ist.]

5.18 Sei G eine endliche Gruppe und S eine Sylowgruppe von G. Man zeige, daß je zwei (in G) konjugierte Elemente aus C(S) bereits in N(S) konjugiert sind. (*Lemma von Burnside*)

[Hinweis: Seien x,y konjugierte Elemente aus C(S), also $x,y \in C(S)$ und $x^a = y$ für ein $a \in G$. Dann sind S, S^a Sylowgruppen von C(y). Man wende nun den Satz von Sylow auf S, S^a an.]

5.19 Sei G eine endliche Gruppe, M ein Normalteiler von G und S eine Sylowgruppe von M. Man zeige: $G = N(S)M$. (*Frattiniargument*)

[Hinweis: Für alle $g \in G$ ist S^g wieder eine Sylowgruppe von M.]

5.20 Nach Aufgabe 5.3 gilt für jede Sylowgruppe S einer endlichen Gruppe: $N(N(S)) = N(S)$. Man zeige die folgende Verallgemeinerung:

Sei S eine Sylowgruppe einer endlichen Gruppe und U eine Untergruppe dieser

Gruppe mit $N(S) \subseteq U$. Dann ist $N(U)=U$.

[Hinweis: Man wende Aufgabe 5.19 auf $G:=N(U)$, $M:=U$ an.]

5.21 Man zeige, daß A_5 bis auf Isomorphie die einzige einfache Gruppe der
Ordnung 60 ist.

[Hinweis: Sei G eine einfache Gruppe der Ordnung $60=3\cdot4\cdot5$.

Annahme: Jede echte Untergruppe von G hat einen Index ≥6. Dann hat G
6 5-Sylowgruppen, 10 3-Sylowgruppen und 15 2-Sylowgruppen (Satz von Sylow).

Die 2-Sylowgruppen sind maximale Untergruppen von G. Wie im Beweis von Satz 5.9
zeige man, daß der Durchschnitt von je zwei verschiedenen 2-Sylowgruppen $\{1\}$ ist.

Dann liegen aber in den Sylowgruppen insgesamt weit mehr als 60 Elemente, was ein
Widerspruch ist.

Also hat G eine echte Untergruppe U mit $|G/U|\leq5$. Man betrachte dann den Homomor-
phismus von G in $S(G/U)$ aus Satz 3.37.]

5.3 Ein Ausblick

In diesem Abschnitt geben wir einen kurzen Ausblick auf weiterführende Gedanken
zur Strukturtheorie der Gruppen. Diejenigen Aussagen, die dabei bereits mit den
bisherigen Mitteln beweisbar sind, werden in Aufgabenform behandelt.

Nur wenige Methoden und Begriffsbildungen der Gruppentheorie sind für unendliche
Gruppen wirksam - bei der Anwendung treten unendliche Gruppen häufig in der Geometrie auf -; daher ist über die Struktur unendlicher Gruppen relativ wenig bekannt, und die Theorie befaßt sich hauptsächlich mit endlichen Gruppen. (Für unendliche abelsche Gruppen gibt es allerdings eine noch relativ aussagekräftige
Theorie.)

Eine gute (aber leider selten auftretende) Form der Gruppenzerlegung ist die
halbdirekte. Hier stellen sich zwei Probleme: die Konstruktion eines Komplementes
zu einem gegebenen Normalteiler und die Konstruktion eines normalen Komplementes
zu einer gegebenen Untergruppe. Das erste Problem ist Inhalt des folgenden *Satzes
von Schur-Zassenhaus*:

> Jeder Normalteiler N einer endlichen Gruppe G, dessen Ordnung zu seinem Index
> teilerfremd ist, besitzt ein Komplement. Ist dabei N oder ein Komplement von
> N auflösbar, so sind alle Komplemente von N zueinander konjugiert.

(Für den Begriff der Auflösbarkeit siehe weiter unten.)

Die Theorie der sogenannten *Verlagerung* behandelt das zweite Problem - eine Verlagerung einer Gruppe ist, grob gesagt, ein spezieller Homomorphismus der Gruppe

in sich. Man kann geeignete Normalteiler als Kerne solcher Verlagerungen erhalten. Unter einer *diskreten* Untergruppe einer Gruppe versteht man eine Untergruppe dieser Gruppe, die mit jeder Konjugiertenklasse der Gruppe einen höchstens
einelementigen Schnitt hat - nach Aufgabe 5.11 b) ist z.B. eine Untergruppe einer
endlichen Gruppe, deren Ordnung der kleinste Primteiler der Gruppenordnung ist,
stets diskret -. Offenbar ist eine diskrete Untergruppe einer Gruppe stets abelsch.
Es gilt hier der folgende *Satz über die Verlagerung in eine diskrete Untergruppe*:

Ist U eine diskrete Untergruppe einer endlichen Gruppe G, so gibt es einen
Homomorphismus ϕ von G in U mit $u\phi = u^{|G/U|}$ für alle $u \in U$.

Ist in der Situation dieses Satzes $|U|$ teilerfremd zu $|G/U|$, so ist die Ein-
schränkung von ϕ auf U injektiv (Hilfssatz 4.2 b)) und daher ϕ eine verallgemeinerte Projektion von G (Aufgabe 3.49), d.h. Kern ϕ ist ein (normales) Komplement von U. Also ergibt sich der folgende *Satz über die halbdirekte Zerlegung
nach einer diskreten Untergruppe*:

Jede diskrete Untergruppe einer endlichen Gruppe, deren Ordnung teilerfremd
zu ihrem Index ist, besitzt ein normales Komplement.

Nach dem Lemma von Burnside (Aufgabe 5.18) ist eine Sylowgruppe S einer endlichen
Gruppe mit C(S)=N(S) stets diskret. Damit erhält man den folgenden *Satz von
Burnside*:

Jede Sylowgruppe S einer endlichen Gruppe mit C(S)=N(S) besitzt ein
normales Komplement.

Mit ähnlichen Überlegungen wie in Aufgabe 5.11 a) sieht man ein, daß die Eigenschaft C(S)=N(S) für jede zyklische p-Sylowgruppe S einer endlichen Gruppe, wobei
p der kleinste Primteiler der Gruppenordnung sei, erfüllt ist. Damit ergibt sich
als *Folgerung des Satzes von Burnside*:

Ist eine p-Sylowgruppe einer endlichen Gruppe zyklisch, wobei p der kleinste
Primteiler der Gruppenordnung sei, so besitzt diese Sylowgruppe ein normales
Komplement.

Insbesondere ist die Situation dieses Satzes also erfüllt, wenn der kleinste Primteiler der Gruppenordnung nur in der ersten Potenz in der Gruppenordnung aufgeht -
der Spezialfall p=2 wurde bereits in Aufgabe 2.12 behandelt -. Durch sukzessive
Anwendung dieses Satzes erhält man z.B. in Gruppen quadratfreier Ordnung genü-
gend viele Normalteiler und kann diese Gruppen dann vollständig analysieren.
Es ergibt sich - in Verallgemeinerung des Ergebnisses über zyklische Zahlen
(Satz 5.20) -, daß jede Gruppe quadratfreier Ordnung isomorph zu einem halb-

direkten Produkt zweier zyklischer Gruppen ist. Solche halbdirekten Produkte
lassen sich dann wiederum mit Hilfsmitteln der Zahlentheorie bestimmen (wobei
man allerdings einen Überblick über Automorphismengruppen beliebiger zyklischer Gruppen benötigt).

Ist eine endliche Gruppe G nicht halbdirekt zerlegbar (wie etwa die Gruppe Q_8
- siehe Aufgabe 3.23 -), so wird man zunächst versuchen, G durch Faktorsisierung
nach einem nicht-trivialen Normalteiler N von G zu zerlegen: man untersucht dann
die kleineren Gruppen N und G/N, sowie die Frage, wie sich G aus N und G/N "auf-
baut" - letzteres ist Inhalt der sogenannten *Schreierschen Erweiterungstheorie* -;
die hierbei auftretenden Probleme können außerordentlich kompliziert und rechne-
risch aufwendig werden. Bei all diesen Fragen ist es unter anderem notwendig,
sich Kenntnisse darüber zu verschaffen, wie eine Gruppe auf einer anderen Gruppe
operieren kann, d.h., welche Automorphismen eine Gruppe hat. Schon für abelsche
Gruppen ist dies ein schwieriges Problem, das man mit weitergehenden Mitteln
der Algebra (lineare Algebra, Körpertheorie, Ringtheorie) in Angriff nehmen muß.

Schließlich kann der Fall eintreten, daß eine Gruppe (die keine Einsgruppe ist)
nicht mehr weiter zerlegbar ist, d.h., daß sie einfach ist. Sie besitzt dann
nur die trivialen Normalteiler, und man ist daher bei ihrer Untersuchung auf die
Betrachtung von Untergruppen angewiesen.

Damit hat man die folgende (sehr grobe) Aufgabenteilung, bei der Strukturanalyse
von endlichen Gruppen:

1.) Analyse und Bestimmung der einfachen Gruppen.
2.) Aufbau von Gruppen aus ihren einfachen Bestandteilen.

Die erste Aufgabe scheint nun kurz vor dem Abschluß zu stehen. Die hierzu entwickelten Methoden und Begriffsbildungen sind jedoch so tiefliegend und aufwendig, daß wir in diesem Rahmen keinen Begriff von ihrer Arbeitsweise geben
können. Ähnlich wie bei der Darstellung von Gruppen als Permutationsgruppen betrachtet man die Wirkung von Gruppen auf anderen algebraischen Strukturen (z.B.
Vektorräumen), d.h. man stellt sie als Automorphismengruppen dar und nutzt dann
weitergehende Kenntnisse über diese algebraischen Strukturen aus, um Rückschlüsse
auf die Eigenschaften ihrer Automorphismengruppen ziehen zu können (Darstellungs-
und Charaktertheorie). Hier ist ein wichtiges, allerdings außerordentlich tiefliegendes Ergebnis der *Satz von Feit-Thompson*:

Jede endliche einfache nicht-abelsche Gruppe hat gerade Ordnung.

Es gibt Klassen von einfachen Gruppen, wobei die Gruppen einer solchen Klasse
alle nach demselben Prinzip gebildet sind, sowie einzeln auftretende, sogenannte

sporadische einfache Gruppen. Letztere können von sehr großer Ordnung sein und einen außerordentlich komplizierten Aufbau haben. Ein einfaches Beispiel für eine Klasse einfacher Gruppen bilden die alternierenden Gruppen A_n mit $n \geq 5$ (und natürlich die Gruppen von Primzahlordnung, die einfachen abelschen Gruppen).

Die zweite Aufgabe, der Aufbau (bzw. die Zerlegung) von Gruppen, legt zunächst den folgenden systematischen Gedankengang nahe:

Sei G eine endliche Gruppe. Dann gibt es einen maximalen (echten) Normalteiler G_1 von G. G_1 besitzt wieder einen maximalen (echten) Normalteiler G_2, usw. bis zur Einsuntergruppe. Man hat auf diese Weise eine Folge von Gruppen $G = G_0$, $G_1, G_2, \ldots, G_n = \{1\}$ erhalten, bei der jede Gruppe ein maximaler (echter) Normalteiler ihres Vorgängers ist, eine sogenannte *Kompositionsreihe von G*. Die Faktorgruppen G_i / G_{i+1} (mit $i \in \{0, \ldots, n-1\}$) sind wegen der Maximalität von G_{i+1} in G_i jeweils einfache Gruppen; sie heißen die *Faktoren der Kompositionsreihe*. Die Analogie dieser Konstruktion zur multiplikativen Zerlegung von Zahlen (siehe auch Abschnitt 4) - an die Stelle der Division tritt die Faktorisierung, die ja eine Art der strukturellen Division ist und an die Stelle der unzerlegbaren Quotienten (Primzahlen) treten die einfachen Faktoren - wird deutlich, wenn man den Primfaktorzerlegungssatz entsprechend formuliert:

Zu jeder natürlichen Zahl m gibt es eine Folge natürlicher Zahlen $m = m_0, m_1, m_2, \ldots, m_n = 1$, so daß die "Faktoren" $\dfrac{m_i}{m_{i+1}}$ für alle $i \in \{0, \ldots, n-1\}$ Primzahlen sind (eine "Kompositionsreihe" von m). Je zwei "Kompositionsreihen" von m sind insofern äquivalent, als sie gleichlang und ihre "Faktoren" bis auf die Reihenfolge dieselben sind.

(Beispiel: Eine "Kompositionsreihe" von 60 ist 60,30,15,5,1 mit den "Faktoren" $\frac{60}{30} = 2$, $\frac{30}{15} = 2$, $\frac{15}{5} = 3$, $\frac{5}{1} = 5$. Eine andere "Kompositionsreihe" von 60 ist 60,20,10,2,1 mit den "Faktoren" $\frac{60}{20} = 3$, $\frac{20}{10} = 2$, $\frac{10}{2} = 5$, $\frac{2}{1} = 2$.)

Ein ganz entsprechender Satz gilt nun auch für die Kompositionsreihen endlicher Gruppen, wobei die Eindeutigkeitsaussage, d.h. die Äquivalenz zweier beliebiger Kompositionsreihen, als *Satz von Jordan-Hölder* bekannt ist. Somit sind die Faktoren einer Kompositionsreihe einer Gruppe bereits durch die Gruppe selbst bestimmt (und nicht abhängig von der speziellen Kompositionsreihe). Man nennt sie daher auch die *Kompositionsfaktoren* der Gruppe. Die Idee der Kompositionsreihe zeigt also noch einmal deutlich, wie sich die Analyse einer Gruppe in die beiden Aufgaben "Untersuchung der einfachen Faktoren" und "Aufbau der Gruppe aus den einfachen Faktoren" zergliedert. Sind die Kompositionsfaktoren einer Gruppe alle abelsch (d.h. von Primzahlordnung), so nennt man die Gruppe auflösbar. Eine Gruppe G heißt also *auflösbar*, wenn sie Untergruppen $G_1, \ldots, G_{n-1}$ enthält, so daß in der

Folge $G=G_0,G_1,\ldots,G_{n-1},G_n=\{1\}$ jede Gruppe Normalteiler von Primzahlindex in ihrem Vorgänger ist. Die Struktur einer auflösbaren Gruppe kann also sozusagen vollständig auf abelsche (und damit zyklische) Gruppen zurückgespielt werden. Bildet man die *höheren* Kommutatorgruppen G', $G'':=(G')'$, $G''':=(G'')'$, usw. einer auflösbaren Gruppe G so gelangt man dabei irgendwann zur Einsuntergruppe. Diese Eigenschaft ist auch kennzeichnend für auflösbare Gruppen. Allgemein heißt für eine Gruppe G die Folge $G^{(0)}:=G$, $G^{(1)}:=G'$, $G^{(2)}:=G''$,...,$G^{(n)}:=$ $:=(G^{(n-1)})'$,... die *Kommutatorreihe*. Bei einer auflösbaren Gruppe G "bricht also die Kommutatorreihe ab", d.h., es gibt einen Index n, so daß für alle $k\in\mathbb{N}$ mit $k\geq n$ $G^{(k)}=\{1\}$ ist. Bei abelschen Gruppen bricht die Kommutatorreihe bereits beim ersten Index ab, denn die abelschen Gruppen sind genau die Gruppen G mit $G'=\{1\}$. Die Gruppen G mit $G''=\{1\}$ heißen *metabelsch*. Beispiele für metabelsche Gruppen sind die Gruppen quadratfreier Ordnung. Allgemein könnte man die auflösbaren Gruppen auch "höhere abelsche" Gruppen nennen. Sie bilden eine wichtige Klasse von Gruppen, die gegen Untergruppen-, Faktorgruppen- und Produkt-Bildung abgeschlossen ist. Wie umfassend diese Gruppenklasse ist, zeigt der Satz von Feit-Thompson, der (anders ausgedrückt) besagt, daß jede Gruppe ungerader Ordnung auflösbar ist. Ein weiterer (starker) Satz, der *Satz von Hall*, ist eine Verallgemeinerung des Satzes von Sylow (bzw. Cauchy) und zeigt abermals, daß die Eigenschaft "auflösbar" eine gute Verallgemeinerung der Eigenschaft "abelsch" ist; er lautet:

> Eine endliche Gruppe G ist genau dann auflösbar, wenn sie zu jedem positiven Teiler n von $|G|$, der teilerfremd zu $\frac{|G|}{n}$ ist, eine Untergruppe der Ordnung n besitzt.
>
> Ist G eine endliche auflösbare Gruppe und n ein positiver Teiler von $|G|$, der teilerfremd zu $\frac{|G|}{n}$ ist, so sind die maximalen Untergruppen von G mit einem Teiler von n als Ordnung genau die Untergruppen der Ordnung n, und sie sind alle zueinander konjugiert.

Nach diesem Satz nennt man eine Untergruppe einer endlichen Gruppe, deren Ordnung zu ihrem Index teilerfremd ist, auch kurz eine *Hallsche Untergruppe*.

Die Theorie der auflösbaren Gruppen steht im Zentrum desjenigen Teiles der Gruppentheorie, der mit der oben genannten zweiten Aufgabe befaßt ist.

Schließlich wollen wir noch eine weitere wichtige Klasse von Gruppen erwähnen, die eine Teilklasse der Klasse der auflösbaren Gruppen ist, also noch dichter bei der Klasse der abelschen Gruppen liegt, nämlich die Klasse der sogenannten nilpotenten Gruppen. Man gelangt zu diesem Begriff auf die folgende naheliegende Weise: Es ist oft störend, daß die Normalteilerbeziehung

nicht transitiv ist. Man bildet daher einen etwas schwächeren Begriff, der zu
einer transitiven Beziehung führt, nämlich den des Subnormalteilers. Ein *Sub-normalteiler* einer Gruppe G ist eine Untergruppe U von G, zu der es Untergruppen $U_1, U_2, \ldots, U_{n-1}$ von G gibt, so daß in der Folge $G=U_0, U_1, \ldots, U_{n-1}, U_n=U$ jede
Gruppe Normalteiler ihres Vorgängers ist. Offenbar ist jeder Normalteiler
einer Gruppe auch Subnormalteiler der Gruppe, und die Subnormalteilerbeziehung
ist transitiv. Jede Untergruppe einer abelschen Gruppe ist Normalteiler (diese
Eigenschaft ist jedoch nicht kennzeichnend für abelsche Gruppen). Entsprechend
nennt man eine Gruppe,deren Untergruppen alle Subnormalteiler sind, *nilpotent*.
Die endlichen nilpotenten Gruppen sind, wie man leicht sieht, bis auf Isomorphie
genau die direkten Produkte von p-Gruppen; insbesondere sind also alle p-Gruppen nilpotent. Dies zeigt, wie wichtig die Klasse der nilpotenten Gruppen ist.
Die Zerlegbarkeit in p-Gruppen ist also von den abelschen Gruppen noch auf die
nilpotenten Gruppen übertragbar, ebenso wie die Eigenschaft, zu jedem positiven
Teiler t der Gruppenordnung eine Untergruppe der Ordnung t zu enthalten. Wie
schon erwähnt, ist jede nilpotente Gruppe auflösbar. Auch die Klasse der nilpotenten Gruppen ist gegen Untergruppen-, Faktorgruppen- und Produkt-Bildung
abgeschlossen.

Wir beschließen diesen Ausblick mit einer Bemerkung zum allgemeinen *Gruppenbe-stimmungsproblem*. Dieses besteht darin, zu einer vorgegebenen natürlichen Zahl
n alle Gruppen der Ordnung n zu bestimmen (siehe z.B. Abschnitt 3.2).
Hierbei treten nun zwei Arten von Schwierigkeiten auf, die das Problem in die
eine oder andere Richtung verlagern, je nachdem ob n wenige Primteiler, aber
dafür diese in relativ hoher Potenz enthält, oder ob n viele Primteiler, aber
jeweils nur in relativ niedriger Potenz enthält. Die beiden Schwierigkeiten
sind die Zerlegung in kleinere Gruppen und die Analyse der verschiedenen Weisen,
wie die Gruppe sich aus diesen kleineren Gruppen zusammensetzen kann. Im Falle
weniger Primteiler mit hoher Potenz ist das Zerlegungsproblem meist nicht so
schwierig - man findet Normalteiler -, jedoch kann das Zusammensetzungsproblem
fast unüberwindbar werden, da es zuviele Möglichkeiten der Zusammensetzung gibt
(Extremfall: n ist eine Primzahlpotenz). Im Falle vieler Primteiler mit niedriger
Potenz ist es oft gerade umgekehrt, d.h. das Zerlegungsproblem ist schwierig -
man findet schlecht Normalteiler - und die Möglichkeiten der Zusammensetzung der
kleineren Gruppen zur ganzen Gruppe reduziert sich oft drastisch (Extremfall:
n ist quadratfrei).

AUFGABEN

5.22 Man zeige mit Hilfe von Aufgabe 5.18 für jede endliche Gruppe G:

a) Ist S eine Sylowgruppe von G mit C(S) = N(S), so ist S diskret.

b) Ist S eine zyklische p-Sylowgruppe von G für den kleinsten Primteiler
   p von $|G|$, so ist C(S) = N(S).

5.23 Man zeige mit Hilfe der Folgerung des Satzes von Burnside, daß jede Gruppe quadratfreier Ordnung einen Normalteiler von Primzahlordnung besitzt.

5.24 Man zeige, daß jede Gruppe quadratfreier Ordnung isomorph zu einem halb-direkten Produkt zweier zyklischer Gruppen ist.

[Hinweis: Sei G eine Gruppe quadratfreier Ordnung mit $|G|\neq 1$. G enthält einen nicht-trivialen abelschen Normalteiler (Aufgabe 5.23). Sei M ein abelscher Normalteiler größtmöglicher Ordnung von G. Man zeige, daß C(M)=M ist (C(M)/M ist eine Gruppe quadratfreier Ordnung, und die Normalteilerbeziehung in G ist transitiv, da jeder Normalteiler einer Gruppe quadratfreier Ordnung charakte-ristisch ist - Hilfssatz 3.17, Satz 3.18 -). G/M = N(M)/C(M) ist isomorph zu einer Untergruppe von Aut M . Da M zyklisch ist (M abelsch und $|M|$ quadratfrei), ist Aut M abelsch. Also ist G/M abelsch, also zyklisch (da $|G/M|$ quadratfrei).]

5.25 Man zeige die folgende Verallgemeinerung des Satzes von Burnside:
Jede Untergruppe U einer endlichen Gruppe G mit C(U)=N(U) und $|U|, \frac{|G|}{|U|}$ teiler-fremd besitzt ein normales Komplement.

[Hinweis: Man zeige zunächst durch Induktion über die Gruppenordnung, daß eine solche Untergruppe U stets diskret und zu jeder Untergruppe von G gleicher Ord-nung konjugiert ist; beim Induktionsschritt zeige man zunächst die Diskretheit (mit Hilfe einer ähnlichen Argumentation wie im Beweis zum Lemma von Burnside) und dann mit Hilfe des Satzes von Schur-Zassenhaus die Konjugiertheitsaussage.]

5.26 Unter einem 3-*Zykel* einer symmetrischen Gruppe versteht man eine Permutation $\tau_{ij}\tau_{ki}$ mit paarweise verschiedenen i,j,k. Man zeige für jede natürliche Zahl $n\geq 5$:

a) Die 3-Zykel der Gruppe S_n liegen alle in A_n; sie bilden eine Konjugiertenklasse der Gruppe A_n.

b) Die 3-Zykel erzeugen die Gruppe A_n.

5.27 Man zeige für jede natürliche Zahl $n\geq 5$:

a) Zu jedem $\alpha\in S_n$ mit Fix $\alpha = \emptyset$ gibt es einen 3-Zykel $\delta\in S_n$ mit $\alpha^\delta\alpha^{-1}\neq 1$ und
   $\text{Fix}(\alpha^\delta\alpha^{-1})\neq\emptyset$.

b) Zu jedem $\alpha\in S_n$ mit Fix $\alpha \neq\emptyset$ und $\alpha^2\neq 1$ gibt es einen 3-Zykel $\delta\in S_n$, so daß
   $\alpha^\delta\alpha^{-1}$ involutorisch und $\text{Fix}(\alpha^\delta\alpha^{-1})\neq\emptyset$ ist.

c) Zu jedem involutorischen $\alpha\in S_n$ mit Fix $\alpha \neq\emptyset$ gibt es einen 3-Zykel $\delta\in S_n$, so
   daß $\alpha^\delta\alpha^{-1}$ ein 3-Zykel ist.

[Hinweis: Zu a) Man zeige zunächst, daß es zu α eine vierelementige Menge
$\{i,j,k,l\} \subseteq \mathbb{Z}_n$ gibt mit $k\alpha, l\alpha\notin\{i,j,k\}$. Dann wähle man $\delta:=\tau_{ij}\tau_{ki}$.

Zu b) und c) Man beachte, daß $\alpha^{\delta}\alpha^{-1}=\delta^{-1}(\delta^{-1})^{\alpha^{-1}}$ ist.]

5.28 Mit Hilfe der Aufgaben 5.26 und 5.27 zeige man, daß alle Gruppen A_n mit $n \geq 5$ einfach sind.

5.29 Man zeige, daß für jede endliche Gruppe G die folgenden vier Bedingungen zueinader äquivalent sind:

(1) G ist auflösbar.

(2) Jede von $\{1\}$ verschiedene Untergruppe von G besitzt einen Normalteiler von Primzahlindex.

(3) Jede von $\{1\}$ verschiedene Untergruppe von G ist von ihrer Kommutatorgruppe verschieden.

(4) Es gibt ein $n \in \mathbb{N}$, so daß $G^{(n)} = \{1\}$ ist.

5.30 Man zeige: Untergruppen, Faktorgruppen und direkte Produkte von endlichen auflösbaren Gruppen sind wieder auflösbar.
[Hinweis: Ist ϕ ein Homomorphismus eine Gruppe G, so ist $(G\phi)' = (G')\phi$.]

5.31 Man zeige: Ist G eine endliche Gruppe mit auflösbarem Normalteiler N und auflösbarer Faktorgruppe G/N, so ist G auflösbar.

5.32 Man zeige mit Hilfe von Aufgabe 5.24, daß jede Gruppe quadratfreier Ordnung metabelsch ist.

5.33 Man zeige unter Verwendung von Satz 5.13 durch Induktion über die Gruppenordnung, daß jede echte Untergruppe einer p-Gruppe von ihrem Normalisator echt umfaßt wird.

5.34 Man zeige, daß für jede endliche Gruppe G die folgenden fünf Aussagen zueinander äquivalent sind:

(1) G ist nilpotent.

(2) Jede maximale (echte) Untergruppe von G ist invariant.

(3) Jede Sylowgruppe von G ist invariant.

(4) G ist direktes Produkt ihrer Sylowgruppen.

(5) Jede echte Untergruppe von G wird von ihrem Normalisator echt umfaßt.
[Hinweis: Für (1) $\Rightarrow$ (2) verwende man Aufgabe 5.20. Für (4) $\Rightarrow$ (5) verwende man Aufgabe 5.33.]

5.35 Man zeige: Untergruppen, Faktorgruppen und direkte Produkte von endlichen nilpotenten Gruppen sind wieder nilpotent.

5.36 Man zeige: Jede endliche nilpotente Gruppe ist auflösbar.

5.37 Man zeige: Jede endliche nilpotente Gruppe enthält zu jedem positiven Teiler t ihrer Ordnung eine Untergruppe der Ordnung t.

6 SYMMETRIEN (GRUPPEN UND GEOMETRIE)

6.1 Transitive Abbildungsgruppen

In Abschnitt 2.2.2 über Automorphismengruppen von Graphen haben wir bereits ge-
sehen, daß Gruppen bei der Untersuchung von Figuren von Nutzen sein können. In
der Tat hat sich zugleich mit der Ausarbeitung der Gruppentheorie ein Zweig der
Geometrie entwickelt, die sogenannte *Abbildungsgeometrie*, in der geometrische
Strukturen mit Hilfe ihrer Automorphismengruppen untersucht werden; einer der
Initiatoren dieser Richtung war *F.Klein*. In diesem Abschnitt wollen wir einen
Eindruck von einigen grundlegenden Gedankengängen der Abbildungsgeometrie ver-
mitteln. Dabei werden viele Ergebnisse in Aufgabenform behandelt.

6.1.1 Das Übertragungsprinzip

6.1 DEFINITION Sei G eine Permutationsgruppe einer Menge M.
G heißt *transitiv (auf M)*, wenn es für alle $x, y \in M$ ein $\alpha \in G$ mit $x\alpha = y$ gibt.
G heißt *scharf transitiv (auf M)*, wenn es für alle $x, y \in M$ genau ein $\alpha \in G$ mit
$x\alpha = y$ gibt.

(Für grundlegende Begriffe bei Permutationsgruppen siehe die Abschnitte 2.1.1,
2.1.2 .) Offenbar ist eine Permutationsgruppe genau dann scharf transitiv, wenn
sie transitiv ist und alle ihre Elemente, außer der Identität, fixpunktfrei sind.

6.2 SATZ (*Das Frattiniargument für Permutationsgruppen*) Sei G eine Permutationsgruppe einer Menge M und U eine Untergruppe von G.
a) Ist U transitiv auf M, so gilt für jede Standuntergruppe G_a in G: $G = G_a U$.
b) Ist U scharf transitiv auf M, so ist jede Standuntergruppe G_a in G komplementär zu U in G.

Beweis. Seien G,M,U wie im Satz vorausgesetzt. Sei U transitiv.
Zu a). Sei $a \in M$. Offenbar gilt $G \supseteq G_a U$. Die andere Inklusion: $G \subseteq G_a U$ wird durch
einen einfachen *Rückholschluß* gezeigt, eine Schlußweise, die in der Abbildungs-
geometrie häufig vorkommt. Sei also $\beta \in G$. Dann gibt es zu $a, a\beta$ ein $\tau \in U$ mit
$a\tau = a\beta$ (Transitivität von U). Also ist $\beta = \beta\tau^{-1}\tau$, wobei $\beta\tau^{-1} \in G_a$ und $\tau \in U$ ist, d.h.
$\beta \in G_a U$.
Zu b). Sei nun U sogar scharf transitiv. Dann gilt nach der Bemerkung vor diesem
Satz $G_a \cap U = \{\iota\}$ für alle Standuntergruppen G_a in G. Also folgt mit a) die Behaup-
tung. #

Wie man leicht nachrechnet, ist die Gruppe R_G der Rechtsschiebungen einer Gruppe

G scharf transitiv auf G (siehe Definition 2.2 und Satz 2.3). Hiervon gilt auch eine Art Umkehrung, nämlich daß jede scharf transitive Permutationsgruppe auch als Gruppe von Rechtsschiebungen aufgefaßt werden kann:

6.3 SATZ (*Das Übertragungsprinzip*) Sei G eine scharf transitive Permutationsgruppe einer Menge M und $e \in M$. Dann gibt es eine Verknüpfung auf M, so daß M mit dieser Verknüpfung eine Gruppe mit dem neutralen Element e und $G = R_M$ ist.

Beweis. Seien G,M,e wie im Satz vorausgesetzt. Wegen der scharfen Transitivität von G ist die Abbildung $\psi : G \to M$, $\alpha \mapsto e\alpha$ bijektiv. Es gibt nun eine Verknüpfung $\circ$ auf M, so daß ψ ein Isomorphismus von $(G, \cdot)$ auf $(M, \circ)$ ist (siehe Aufgabe 1.19). Man setze nämlich für alle $x, y \in M$: $x \circ y := (x\psi^{-1} \cdot y\psi^{-1})\psi$. Da dann ψ ein Isomorphismus von G auf M und G eine Gruppe ist, ist auch M eine Gruppe. Wegen $\iota\psi = e\iota = e$ ist e das neutrale Element von M.

Für alle $x, a \in M$ gilt nun: $x\rho_a = x \circ a = (x\psi^{-1} \cdot a\psi^{-1})\psi = e(x\psi^{-1} \cdot a\psi^{-1}) = (e \, x\psi^{-1}) \, a\psi^{-1} = ((x\psi^{-1})\psi)a\psi^{-1} = x \, a\psi^{-1}$. Also gilt für alle $a \in M$: $\rho_a = a\psi^{-1}$, und daher $R_M = G$. #

Das Übertragungsprinzip lehrt also, wie man die Verknüpfung von einer scharf transitiven Permutationsgruppe isomorph auf die Grundmenge überträgt. Dieses Verfahren wird häufig bei der sogenannten "Algebraisierung" geometrischer (und anderer) Strukturen angewandt: Besitzt eine Struktur eine scharf transitive Gruppe von Automorphismen, so überträgt man deren Verknüpfung auf die Struktur, macht sie auf diese Weise zu einer Gruppe, und kann dann die Struktur innerhalb dieser Gruppe "algebraisch" beschreiben.

AUFGABEN

6.1 Man zeige, daß eine abelsche transitive Permutationsgruppe stets scharf transitiv ist.

6.2 Sei G eine Permutationsgruppe einer endlichen, nicht-leeren Menge M. Man zeige, daß dann die folgenden Bedingungen zueinander äquivalent sind:
(1) G ist transitiv auf M.
(2) Der Index jeder Standuntergruppe in G ist $|M|$.
(3) Der Index mindestens einer Standuntergruppe in G ist $|M|$.

6.1.2 Gruppengraphen

Für eine Teilmenge T einer endlichen Gruppe G mit $1 \notin T$, $T^{-1} \subseteq T$ wird durch
$$x \underset{T}{\sim} y \text{ , wenn } xy^{-1} \in T \text{ (für alle } x, y \in G)$$
eine irreflexive, symmetrische Relation $\underset{T}{\sim}$ auf G definiert (siehe Aufgabe 3.39). Also ist $(G, \underset{T}{\sim})$ ein Graph (siehe Abschnitt 2.2.2), ein sogenannter *Gruppengraph*

(auf G). Offenbar lassen alle Rechtsschiebungen von G die Relation $\underset{T}{\sim}$ invariant, d.h. R_G ist eine scharf transitive Untergruppe von $Aut(G,\underset{T}{\sim})$. Allgemein nennen wir einen Graphen, dessen Automorphismengruppe eine scharf transitive Untergruppe besitzt, *homogen*. Also gilt:

6.4 SATZ Jeder Gruppengraph ist homogen.

Es gilt auch die Umkehrung von Satz 6.4 . Und an diesem sehr einfachen Beweis wollen wir das Übertragungsprinzip demonstrieren.

6.5 SATZ Jeder nicht-leere homogene Graph ist ein Gruppengraph.

Beweis. Sei (E,N) ein nicht-leerer homogener Graph. Dann gibt es eine scharf transitive Untergruppe G von $Aut(E,N)$. Wegen $E\neq\emptyset$ gibt es ein $e\in E$. Nach dem Übertragungsprinzip (Satz 6.3) gibt es eine Verknüpfung auf E, so daß E mit dieser Verknüpfung eine Gruppe mit dem neutralen Element e und $R_E=G$ ist. Sei $T:=\{x\mid x\in E,\ eNx\}$. Da N irreflexiv ist, gilt nicht eNe, also $e\notin T$. Sei nun $x\in T$. Dann folgt eNx. Wegen $\rho_{x^{-1}}\in G \subseteq Aut(E,N)$ folgt $ex^{-1}Nxx^{-1}$, also $x^{-1}Ne$, d.h. eNx^{-1} und damit $x^{-1}\in T$. Also gilt $T^{-1} \subseteq T$. Damit ist $(E,\underset{T}{\sim})$ ein Gruppengraph. Wir zeigen nun: $(E,N)=(E,\underset{T}{\sim})$, d.h. $N = \underset{T}{\sim}$. Für alle $x,y\in E$ sind die folgenden Aussagen der Reihe nach äquivalent: xNy ; $xy^{-1}Nyy^{-1}$ (da $\rho_{y^{-1}}\in Aut(E,N)$); $xy^{-1}Ne$; $eNxy^{-1}$; $xy^{-1}\in T$; $x \underset{T}{\sim} y$. Also gilt $N = \underset{T}{\sim}$. #

Wir fassen also zusammen:

6.6 SATZ Die Gruppengraphen sind genau die nicht-leeren homogenen Graphen.

AUFGABEN

6.3 Man bestimme alle Gruppengraphen auf der Menge $\mathbb{Z}_6$ und stelle sie zeichnerisch dar.

6.4 Da in einem Gruppengraphen je zwei Ecken durch einen Automorphismus ineinander abbildbar sind, sieht ein solcher an jeder Ecke "gleich" aus. Daher kommen insbesondere die Ecken-Kanten-Graphen der fünf regulären Körper (Tetraeder, Hexaeder, u.s.w.) in Frage, Gruppengraphen zu sein. Man untersuche, welche dieser fünf Graphen Gruppengraphen sind.

6.5 Zwei Ecken a,b eines Graphen heißen *verbindbar*, wenn sie Anfangs- und Endglied einer Folge von Ecken des Graphen sind, bei der je zwei aufeinanderfolgende Ecken benachbart sind. Offenbar ist die Verbindbarkeit eine Äquivalenzrelation und zerlegt daher die Eckenmenge des Graphen in Klassen, die sogenannten *Komponenten* des Graphen. Hat ein Graph nur eine einzige Komponente, so heißt er *zusammenhängend*.

Sei $(G, \underset{T}{\approx})$ ein Gruppengraph. Man zeige:

a) Die Komponente von $(G, \underset{T}{\approx})$, in der 1 liegt, ist $\langle T \rangle$.

b) Die Komponenten von $(G, \underset{T}{\approx})$ sind die Rechtsnebenklassen von $\langle T \rangle$.

6.6 Sei G eine Gruppe, E eine endliche Teilmenge von G und T eine Teilmenge von G mit $1 \notin T$, $T^{-1} \subseteq T$. Sei $\underset{T}{\approx}|_E$ die Einschränkung von $\approx$ auf E. Dann ist $(E, \underset{T}{\approx}|_E)$ ein Graph, ein sogenannter *Gruppenuntergraph (auf G)*.

Man zeige, daß jeder Graph isomorph zu einem Gruppenuntergraphen auf $\mathbb{Z}$ ist.

6.2 Klassische Abbildungsgruppen

6.2.1 Streckensysteme

Interpretiert man die Elemente einer Menge M als Punkte, so kann man die Paare von Elementen aus M, also die Elemente aus M×M, als Strecken und allgemeiner die n-Tupel von Elementen aus M als n-Ecke interpretieren. Mit Hilfe geeigneter Äquivalenzrelationen zwischen Strecken kann man viele geometrische Phänomene beschreiben. Man denke etwa an die Kongruenz, Parallelität oder Vektorgleichheit von Strecken in einer euklidischen Ebene. Wir nennen daher ganz allgemein ein Paar $(M, \sim)$, wobei M eine Menge und $\sim$ eine Äquivalenzrelation auf M×M ist, ein *Streckensystem*. Dabei behalten wir die drei angegebenen Äquivalenzrelationen für Strecken als Standardbeispiele im Auge.

Um diese Beispiele genauer beschreiben zu können, verwenden wir die gewöhnliche Interpretation des $\mathbb{R}^2 := \mathbb{R} \times \mathbb{R}$ als euklidische Ebene. $\mathbb{R}^2$ ist bezüglich der komponentenweisen Addition eine abelsche Gruppe, nämlich das direkte Produkt von $(\mathbb{R}, +)$ mit sich selbst. Außerdem kann man Elemente des $\mathbb{R}^2$ mit reellen Zahlen multiplizieren; man spricht von der *Skalarmultiplikation:*

Für alle $X = (x_1, x_2) \in \mathbb{R}^2$ und $r \in \mathbb{R}$ sei $rX := (rx_1, rx_2)$.

Hierdurch wird $\mathbb{R}^2$ zu einem sogenannten *Vektorraum*. Da das Rechnen in diesem Vektorraum bereits in der Schule geübt wird, können wir darauf verzichten, die grundlegenden Rechenregeln anzugeben.

Die geometrische Interpretation der Vektoraddition und Skalarmultiplikation ist die folgende:

Für jedes $A \in \mathbb{R}^2$ ist $\mathbb{R}^2 \to \mathbb{R}^2$, $X \mapsto X+A$ eine Verschiebung.

Für jedes $r \in \mathbb{R} \smallsetminus 0$ ist $\mathbb{R}^2 \to \mathbb{R}^2$, $X \mapsto rX$ eine Streckung von 0 aus mit dem Faktor r.

Schließlich kann man noch mit Hilfe der *Betragsfunktion* den Abstand beschreiben:

Für alle $X:=(x_1,x_2)\in\mathbb{R}^2$ sei $|X| := \sqrt{x_1^2 + x_2^2}$.

Für beliebige $A,B\in\mathbb{R}^2$ ist dann $|A-B|$ der Abstand von A und B.

Die *Vektorgleichheit* $\sim$ zweier Strecken $(A,B),(C,D)\in\mathbb{R}^2\times\mathbb{R}^2$ bedeutet, daß sie gleichlang und gleichgerichtet sind, d.h., daß die eine aus der anderen durch Verschiebung hervorgeht, also:

$(A,B) \sim (C,D)$, wenn $A-B = C-D$.

Die *Parallelität* $\|$ zweier Strecken $(A,B),(C,D)\in\mathbb{R}^2\times\mathbb{R}^2$ bedeutet, daß die Verbindungsgeraden von A,B und C,D parallel sind, d.h., daß die eine aus der anderen durch Streckung und Verschiebung hervorgeht, also:

$(A,B) \| (C,D)$, wenn es ein $r\in\mathbb{R}\setminus\{0\}$ gibt mit $r(A-B) = C-D$.

Die *Kongruenz* $\equiv$ zweier Strecken $(A,B),(C,D)\in\mathbb{R}^2\times\mathbb{R}^2$ bedeutet, daß sie gleichlang sind, also:

$(A,B) \equiv (C,D)$, wenn $|A-B| = |C-D|$.

Offenbar sind diese Relationen $\sim,\|,\equiv$ Äquivalenzrelationen auf $\mathbb{R}^2\times\mathbb{R}^2$, d.h. $(\mathbb{R}^2,\sim)$, $(\mathbb{R}^2,\|)$, $(\mathbb{R}^2,\equiv)$ sind Streckensysteme. Wir werden sie im folgenden unter gruppentheoretischen Aspekten genauer betrachten.

Eine Äquivalenzrelation beschreibt die Gleichheit in bezug auf ein Merkmal; die verschiedenen Ausprägungen des Merkmals werden dabei durch die zugehörigen Äquivalenzklassen dargestellt. So stellen die Äquivalenzklassen der Relation $\sim$ die Vektoren dar; die Relation $\|$ ist die Richtungsgleichheit, und ihre Äquivalenzklassen stellen die Richtungen dar; und die Relation $\equiv$ ist die Längengleichheit, und ihre Äquivalenzklassen stellen die Längen dar.

Zur gruppentheoretischen Analyse eines Streckensystems betrachtet man nun Permutationen der Grundmenge, die die Äquivalenzrelation oder sogar das betreffende Merkmal invariant lassen.

6.7 DEFINITION Sei $(M,\sim)$ ein Streckensystem.
Eine Permutation α von M heißt *relationstreu* oder ein *Automorphismus von* $(M,\sim)$, wenn für alle $v,w,x,y\in M$ gilt: $(v,w) \sim (x,y)$ genau dann, wenn $(v\alpha,w\alpha) \sim (x\alpha,y\alpha)$.
Die Menge der Automorphismen von $(M,\sim)$ sei mit $\text{Aut}(M,\sim)$ bezeichnet.
Eine Permutation β von M heißt *merkmalstreu*, wenn $(x,y) \sim (x\beta,y\beta)$ für alle $x,y\in M$ gilt.
Die Menge der merkmalstreuen Permutationen von M sei mit $\text{Aut}^*(M,\sim)$ bezeichnet.

Wie man leicht nachweist, gilt:

6.8 SATZ (*Die relationstreuen und merkmalstreuen Permutationen*) Für jedes Streckensystem (M,~) ist Aut(M,~) eine Untergruppe von S(M) und Aut*(M,~) ein Normalteiler von Aut(M,~).

Anschaulich stellen die Automorphismen eines Streckensystems (M,~) seine "Symmetrien" dar, und die Bedeutung der Gruppe Aut(M,~) besteht also darin, daß man über ihre Struktur zu Aussagen über die "Gestalt" von (M,~) gelangen kann. Dabei spielt der Normalteiler Aut*(M,~) oft eine ausgezeichnete Rolle, da seine Struktur die Gestalt von (M,~) noch deutlicher widerspiegelt.

AUFGABEN

6.7 Sei G eine Gruppe. Für alle a,b,c,d$\in$G bedeute (a,b) ~ (c,d), daß $ab^{-1}=cd^{-1}$ gilt. (~ ist die *Quotientengleichheit*). Offenbar ist ~ eine Äquivalenzrelation auf G×G, und (G,~) heißt *das zu G gehörige Streckensystem*. Man zeige:

a) Aut*(G,~) = R_G

b) Aut(G,~) = Aut G $\cdot R_G$

c) Aut(G,~) $\simeq$ Aut G × G :

(Durch diese allgemeine Begriffsbildung wird die Relation der Vektorgleichheit miterfaßt, denn offenbar ist ($\mathbb{R}^2$,~) das zu der Gruppe ($\mathbb{R}^2$,+) gehörige Streckensystem.)

6.8 Sei (M,~) ein Streckensystem, und für alle a,b,c,d$\in$M mit (a,b) ~ (c,d) gebe es ein $\beta\in$Aut*(M,~) mit (aβ,bβ)=(c,d) - man sagt: Aut*(M,~) ist *~-transitiv auf* (M,~) -.

Man zeige: Dann ist Aut(M,~) der Normalisator von Aut*(M,~) (in S(M)).

6.2.2 Kollineationen und Dilatationen

Wir behandeln in diesem Abschnitt exemplarisch das Streckensystem ($\mathbb{R}^2$,$\parallel$) und zeigen bei der Bestimmung der Gruppen Aut*($\mathbb{R}^2$,$\parallel$) und Aut($\mathbb{R}^2$,$\parallel$), welche typischen Schlußweisen allgemein für die Bestimmung solcher Gruppen eingesetzt werden.

Die Elemente von Aut*($\mathbb{R}^2$,$\parallel$) heißen auch *richtungstreue* Permutationen oder *Dilatationen,* und Aut*($\mathbb{R}^2$,$\parallel$) wird kurz mit D bezeichnet. Entsprechend heißen die Elemente aus Aut($\mathbb{R}^2$,$\parallel$) *paralleltreue* Permutationen oder *Kollineationen,* und Aut($\mathbb{R}^2$,$\parallel$) wird kurz mit K bezeichnet.

Die Bezeichnungskonvention E:=(1,0) und I:=(0,1) führt zu einer bequemeren Rechnung mit den Elementen aus $\mathbb{R}^2$, denn offenbar ist jedes Element aus $\mathbb{R}^2$ in der Form rE+sI mit eindeutig bestimmten r,s$\in\mathbb{R}$ darstellbar.

6.9 HILFSSATZ Jede Dilatation mit den Fixpunkten 0,E ist die Identität.

Beweis. Sei $\delta \in D$ mit $0\delta=0$ und $E\delta=E$. Sei $A \in \mathbb{R}^2 \smallsetminus (\mathbb{R} \times \{0\})$. Wegen $(A,0) \| (A\delta,0\delta)=(A\delta,0)$ und $(A,E) \| (A\delta,E\delta)=(A\delta,E)$ gibt es $r,s \in \mathbb{R} \smallsetminus \{0\}$ mit $rA=A\delta$ und $s(A-E)=A\delta-E$. Also folgt $rA=s(A-E)+E$, d.h. $(r-s)A=(1-s)E$. Wäre $r-s \neq 0$, so würde folgen $A = \frac{1-s}{r-s} E \in \mathbb{R} \times \{0\}$ im Widerspruch zur Wahl von A. Also gilt $r=s$, und damit $s=1$. Es folgt $A\delta=A$. Insbesondere gilt $I\delta=I$. Indem man $0\delta=0$, $I\delta=I$ ausnutzt, folgt mit einem entsprechenden Schluß, daß alle $B \in \mathbb{R} \times \{0\}$ bei δ festbleiben. Also ist $\delta=\iota$. #

6.10 SATZ (*Bestimmung der Dilatationsgruppe*) D besteht genau aus den Abbildungen $\mathbb{R}^2 \to \mathbb{R}^2$, $X \mapsto rX+A$ mit $r \in \mathbb{R} \smallsetminus \{0\}$ und $A \in \mathbb{R}^2$.

Beweis. Wie man leicht nachrechnet sind die im Satz angegebenen Abbildungen jedenfalls Dilatationen.

Sei nun $\delta \in D$. Dann gilt $(E,0) \| (E\delta,0\delta)$, also $rE=E\delta-0\delta$ für ein geeignetes $r \in \mathbb{R} \smallsetminus \{0\}$. Für die Dilatation $\eta : \mathbb{R}^2 \to \mathbb{R}^2$, $X \mapsto rX+0\delta$ gilt $0\eta=r0+0\delta=0\delta$ und $E\eta=rE+0\delta=E\delta$. Also ist $\eta\delta^{-1}=\iota$ nach Hilfssatz 6.9, d.h. $\delta=\eta$. #

Für beliebige $r \in \mathbb{R} \smallsetminus \{0\}$ sei $\delta_r : \mathbb{R}^2 \to \mathbb{R}^2$, $X \mapsto rX$, und für beliebige $A \in \mathbb{R}^2$ sei $\delta_A : \mathbb{R}^2 \to \mathbb{R}^2$, $X \mapsto X+A$. Offenbar ist $\{\delta_r \mid r \in \mathbb{R} \smallsetminus \{0\}\}$ die Standuntergruppe D_0 in D und $T:=\{\rho_A \mid A \in \mathbb{R}^2\}$ die Gruppe der Rechtsschiebungen der additiven Gruppe $\mathbb{R}^2$, die sogenannte Translationsgruppe. Da T scharf transitiv auf $\mathbb{R}^2$ ist, sind nach Satz 6.2 b) die Gruppen D_0 und T komplementär zueinander in D.

Nach Satz 6.8 ist D Normalteiler von K. Da außerdem gilt: $T=\{\delta \mid \delta \in D, \text{Fix } \delta = \emptyset\} \cup \{\iota\}$, und die Anzahl der Fixelemente einer Permutation sich beim Transformieren nicht ändert, ist T auch invariant in K, d.h. Normalteiler in K. Damit ergibt sich (wieder nach Satz 6.8):

6.11 HILFSSATZ (*Zerlegung von K*) T ist normales Komplement der Standuntergruppe K_0 in K.

Für die Bestimmung von K genügt es also, die Gruppe K_0 zu beschreiben.

6.12 SATZ (*Bestimmung der Gruppe K_0*) Die Elemente von K_0 sind genau die bijektiven *linearen Abbildungen von* $\mathbb{R}^2$, d.h. die Permutationen α von $\mathbb{R}^2$ mit

    1.) Für alle $X,Y \in \mathbb{R}^2$ gilt $(X+Y)\alpha = X\alpha+Y\alpha$.

    2.) Für alle $X \in \mathbb{R}^2$, $r \in \mathbb{R}$ gilt $(rX)\alpha = r(X\alpha)$.

Beweis. Daß die bijektiven linearen Abbildungen von $\mathbb{R}^2$ Kollineationen sind, die 0 festlassen, ist leicht nachzurechnen.

Sei nun $\alpha \in K_0$. Zu 1.) Seien $A,B \in \mathbb{R}^2$. Zu zeigen ist $(A+B)\alpha = A\alpha+B\alpha$. Da T invariant in K ist, ist $\rho_B^\alpha = \rho_C$ für ein $C \in \mathbb{R}^2$. Es folgt:
$C=0\rho_C=0\rho_B^\alpha=0\alpha^{-1}\rho_B\alpha=0\rho_B\alpha=B\alpha$. Also $\rho_B^\alpha = \rho_{B\alpha}$. Damit ergibt sich:

$(A+B)\alpha = A\rho_B\alpha = A\alpha\alpha^{-1}\rho_B\alpha = A\alpha\rho_B^\alpha = A\alpha\rho_{B\alpha} = A\alpha + B\alpha.$

Zu 2.) Da D invariant in K ist, ist D_0 invariant in K_0. Also gibt es zu jedem $r \in \mathbb{R} \smallsetminus \{0\}$ ein (eindeutig bestimmtes) $r' \in \mathbb{R} \smallsetminus \{0\}$ mit $(\delta_r)^\alpha = \delta_{r'}$.

Zusätzlich sei $0'=0$. Für die Abbildung $\mathbb{R} \to \mathbb{R}$, $r \mapsto r'$ zeigen wir die Homomorphie-gesetze bezüglich + und $\cdot$.

Seien $r,s \in \mathbb{R}$. Die Fälle $r=0$ und $s=0$ oder $r+s=0$ sind trivial. Seien also $r,s,r+s \neq 0$. Es gilt dann: $\delta_{(rs)'} = \delta_{rs}{}^\alpha = (\delta_r\delta_s)^\alpha = \delta_r{}^\alpha\delta_s{}^\alpha = \delta_{r'}\delta_{s'} = \delta_{r's'}$, also $(rs)'=r's'$.

Außerdem gilt: $(r+s)'E\alpha = E\alpha\delta_{(r+s)'} = E\alpha(\delta_{r+s})^\alpha = E\delta_{r+s}\alpha = ((r+s)E)\alpha = (rE+sE)\alpha =$
$= (rE)\alpha + (sE)\alpha = E\delta_r\alpha + E\delta_s\alpha = E\alpha\delta_r{}^\alpha + E\alpha\delta_s{}^\alpha = E\alpha\delta_{r'} + E\alpha\delta_{s'} = r'E\alpha + s'E\alpha = (r'+s')E\alpha$, also:
$(r+s)'=r'+s'$, da $E\alpha \neq 0\alpha = 0$.

Hiermit folgt nun leicht, daß die Abbildung $\mathbb{R} \to \mathbb{R}$, $r \mapsto r'$ die Identität ist (siehe Aufgabe 6.9). Für alle $X \in \mathbb{R}^2$, $r \in \mathbb{R} \smallsetminus \{0\}$ gilt damit: $(rX)\alpha = X\delta_r\alpha = X\alpha\delta_r{}^\alpha =$
$= X\alpha\delta_{r'} = X\alpha\delta_r = r(X\alpha)$; außerdem gilt $(0 \cdot X)\alpha = 0\alpha = 0 = 0 \cdot (X\alpha)$. #

Die linearen Abbildungen von $\mathbb{R}^2$ werden üblicherweise mit Hilfe von 2×2-Matrizen beschrieben. Offensichtlich ist nämlich eine lineare Abbildung α bereits durch die Bilder $E\alpha$ und $I\alpha$ eindeutig bestimmt, da für alle $X = rE+sI \in \mathbb{R}^2$ gilt: $X\alpha = (rE+sI)\alpha = rE\alpha + sI\alpha$. Ist nun $E\alpha = (a,b)$ und $I\alpha = (c,d)$, so wird die lineare Abbildung α mit $\begin{bmatrix} a & b \\ c & d \end{bmatrix}$ bezeichnet. Die Bijektivität von α ist äquivalent zu der Bedingung $ad-bc \neq 0$.

Man bezeichnet die Gruppe der bijektiven linearen Abbildungen von $\mathbb{R}^2$ mit $GL(\mathbb{R}^2)$. Satz 6.12 besagt also, daß $K_0 = GL(\mathbb{R}^2)$ ist.

Zusammen mit Hilfssatz 6.11 ergibt sich also:

6.13 SATZ (*Bestimmung der Kollineationsgruppe*) Die Kollineationen sind genau die Abbildungen $\mathbb{R}^2 \to \mathbb{R}^2$, $X \mapsto X\begin{bmatrix} a & b \\ c & d \end{bmatrix} + A$ mit $a,b,c,d \in \mathbb{R}$, $A \in \mathbb{R}^2$ und $ad-bc \neq 0$.

AUFGABEN

6.9 Man zeige, daß die Identität der einzige nicht-triviale +- und $\cdot$-Homomorphismus von $\mathbb{R}$ ist.
[Hinweis: Eine solche Abbildung läßt 0 und 1 fest. Mit der Homomorphieregel für + folgt, daß sie alle Elemente von $\mathbb{Q}$ festläßt. Mit der Homomorphieregel für $\cdot$ folgt, daß sie Quadrate aus $\mathbb{R}$ in Quadrate aus $\mathbb{R}$ überführt, d.h. daß sie $\mathbb{R}_{>0}$ in sich überführt. Da $\mathbb{Q}$ dicht liegt in $\mathbb{R}$, folgt dann die Behauptung.]

6.10 Man zeige: D ist isomorph zum halbdirekten Produkt der multiplikativen Gruppe $\mathbb{R} \smallsetminus \{0\}$ mit der additiven Gruppe $\mathbb{R}^2$ bezüglich der Operation ψ, die jedem $r \in \mathbb{R} \smallsetminus \{0\}$ den Automorphismus δ_r von $\mathbb{R}^2$ zuordnet.

6.11 Ein Tripel (A,B,C) von Elementen aus $\mathbb{R}^2$ heißt *kollinear*, wenn $A=B$ oder $A=C$ oder $(A,B) \parallel (A,C)$ ist. Man zeige: Die Kollineationen sind genau die Permutationen von $\mathbb{R}^2$, die kollineare Tripel auf kollineare Tripel abbilden.

6.2.3 Ähnlichkeiten und Bewegungen

Das Streckensystem $(\mathbb{R}^2, \equiv)$ ist diejenige Struktur, die der klassischen euklidischen Geometrie zugrunde liegt. Aus ihr läßt sich auch die Struktur $(\mathbb{R}^2, \parallel)$ (und $(\mathbb{R}^2, \sim)$) rekonstruieren (Aufgabe 6.12). Man kann dann leicht einsehen, daß $\mathrm{Aut}(\mathbb{R}^2, \equiv)$ eine Untergruppe von $\mathrm{Aut}(\mathbb{R}^2, \parallel)$ ist (Aufgabe 6.13) und kann damit leicht die Gruppen $\mathrm{Aut}(\mathbb{R}^2, \equiv)$ und $\mathrm{Aut}^*(\mathbb{R}^2, \equiv)$ bestimmen (Aufgaben 6.13, 6.14).

Die Elemente von $\mathrm{Aut}^*(\mathbb{R}^2, \equiv)$ heißen auch *längentreue* Permutationen oder *Bewegungen*, und $\mathrm{Aut}^*(\mathbb{R}^2, \equiv)$ wird kurz mit B bezeichnet. Entsprechend heißen die Elemente von $\mathrm{Aut}(\mathbb{R}^2, \equiv)$ *kongruenztreue* Permutationen oder *Ähnlichkeiten*, und $\mathrm{Aut}(\mathbb{R}^2, \equiv)$ wird kurz mit A bezeichnet.

Die involutorischen Bewegungen spielen eine Sonderrolle in der Bewegungsgruppe. Es gibt zwei Typen davon: Diejenigen mit genau einem Fixpunkt, die *Punktspiegelungen*, und die übrigen, die *Geradenspiegelungen* (sie lassen jeweils eine Gerade punktweise fest). Gruppentheoretische Relationen zwischen diesen Spiegelungen sind direkt übersetzbar in geometrische Relationen der zugehörigen Fixelemente. Damit ist es möglich, die geometrische Struktur des $\mathbb{R}^2$ in die Bewegungsgruppe B zu übertragen und durch Rechnen in B geometrische Sätze zu beweisen. Dies ist der Standpunkt und die Methode der sogenannten *Spiegelungsgeometrie* (Aufgabe 6.15).

Ein anderes Anwendungsfeld der Theorie der Bewegungen ist das Studium regelmäßiger Konfigurationen (symmetrische Figuren, Rosetten, Ornamente) mit Hilfe der Gruppe B. Als Beispiel greifen wir hier den Satz von Leonardo heraus (benannt nach *Leonardo da Vinci*), der die Bestimmung aller endlichen Untergruppen von B liefert. Das zugrundeliegende Problem ist dabei die naheliegende Frage, wie die Gruppe aller Deckabbildungen einer ebenen Figur aus nur endlich vielen Punkten beschaffen sein kann (Aufgabe 6.20).

Diese kurzen Ausblicke mögen genügen, um die vielfältige Verflechtung zwischen Gruppentheorie und Geometrie anzudeuten.

AUFGABEN

6.12 Man zeige: Für alle $A, B, C \in \mathbb{R}^2$ ist (A, B, C) genau dann kollinear, wenn es $E, F \in \mathbb{R}^2$ gibt mit $E \neq F$ und $(E, A) \equiv (F, A)$, $(E, B) \equiv (F, B)$, $(E, C) \equiv (F, C)$.

6.13 Man bestimme die Gruppe A, d.h. man zeige, daß A eine Untergruppe von K ist, und daß sie genau aus den Abbildungen $\mathbb{R}^2 \to \mathbb{R}^2$, $X \mapsto X \begin{bmatrix} a & b \\ -b & a \end{bmatrix} + U$ und den Abbildungen $\mathbb{R}^2 \to \mathbb{R}^2$, $X \mapsto X \begin{bmatrix} a & b \\ b & -a \end{bmatrix} + U$ mit $a, b \in \mathbb{R}$, $U \in \mathbb{R}^2$, $a^2 + b^2 \neq 0$ besteht.

6.14 Man bestimme die Gruppe B und zeige, daß die Menge B^+ der sogenannten geraden Bewegungen eine Untergruppe von B vom Index 2 ist. Dabei heißen die Abbildungen $\mathbb{R}^2 \to \mathbb{R}^2$, $X \mapsto X\begin{bmatrix} a & b \\ -b & a \end{bmatrix} + U$ mit $a,b \in \mathbb{R}$, $U \in \mathbb{R}^2$, $a^2 + b^2 = 1$ die *geraden* Bewegungen (und die übrigen Bewegungen die *ungeraden* Bewegungen).

6.15 Man bestimme die Involutionen in B und ihr Fixverhalten. Die involutorischen geraden Bewegungen heißen *Punktspiegelungen*, die involutorischen ungeraden Bewegungen *Geradenspiegelungen*. Man untersuche für Punkt- und Geradenspiegelungen σ, π, was die Relation "$\sigma\pi$ ist involutorisch" geometrisch bedeutet.

6.16 Man zeige, daß die Standuntergruppe $(B^+)_0$ zur additiven Gruppe $\mathbb{R}/\mathbb{Z}$ isomorph ist.

[Hinweis: Mit Hilfe der Additionstheoreme für cos und sin zeige man, daß $x \mapsto \begin{bmatrix} \cos x & \sin x \\ -\sin x & \cos x \end{bmatrix}$ ein Homomorphismus von $\mathbb{R}$ auf $(B^+)_0$ ist, und wende dann den Homomorphiesatz an.]

6.17 Man zeige, daß jede endliche Untergruppe von $\mathbb{R}/\mathbb{Z}$ (und damit auch von $(B^+)_0$) zyklisch ist.

6.18 Für beliebige $\beta \in B$, $X,Y \in \mathbb{R}^2$, $r \in \mathbb{R}$ zeige man:
$(X+Y)\beta = X\beta + Y\beta - 0\beta$, $(rX)\beta = r(X\beta) + (1-r)0\beta$.

6.19 Man zeige: Jede endliche Untergruppe von B ist Untergruppe einer Standuntergruppe B_U mit $U \in \mathbb{R}^2$ und damit isomorph zu einer Untergruppe von B_0.
[Hinweis: Ist G eine endliche Untergruppe von B, so bleibt $U := \frac{1}{|G|} \sum_{\beta \in G} 0\beta$ (das arithmetische Mittel der Bahn 0G, also der Schwerpunkt dieser Figur) bei allen Abbildungen aus G fest. Bei der Rechnung ist Aufgabe 6.18 nützlich.]

6.20 Man zeige mit Hilfe von Aufgabe 6.14, 6.17 und 6.19 den Satz von Leonardo: Jede endliche Untergruppe von B ist zyklisch oder eine Diedergruppe.

LITERATURVERZEICHNIS

Zu den Hauptabschnitten 1 - 5 .

Zur Gruppentheorie:

    Huppert, B., Endliche Gruppen I, Berlin-Heidelberg-New York 1967

    Kurzweil, H., Endliche Gruppen, Berlin-Heidelberg-New York 1977

Zur Algebra:

    Körner, O., Algebra, Frankfurt a.M. 1974

    Simm, G./H.Gonska, Algebraische Strukturen, Stuttgart 1980

Zur Linearen Algebra:

    Lingenberg, R., Lineare Algebra, Mannheim-Zürich 1969

Zum Hauptabschnitt 4 .

Zur Zahlentheorie:

    Niven, I./H.S.Zuckerman, Einführung in die Zahlentheorie I, Mannheim-
                   Wien-Zürich 1976

Zum Hauptabschnitt 6 .

Zur Elementargeometrie:

    Degen, W./L.Profke, Grundlagen der affinen und euklidischen Geometrie,
             Stuttgart 1976

Zur Spiegelungsgeometrie:

    Bachmann, F., Aufbau der Geometrie aus dem Spiegelungsbegriff,
             Berlin-Heidelberg-New York 1973

    Kinder, H./U.Spengler, Die Bewegungsgruppe einer euklidischen Ebene,
             Stuttgart 1980

SACHVERZEICHNIS

Teubner Studienbücher

Mathematik

Ahlswede/Wegener: **Suchprobleme**
328 Seiten. DM 29,80

Aigner: **Graphentheorie**
269 Seiten. DM 29,80

Ansorge: **Differenzenapproximationen partieller Anfangswertaufgaben**
298 Seiten. DM 29,80 (LAMM)

Behnen/Neuhaus: **Grundkurs Stochastik**
376 Seiten. DM 34,—

Bohl: **Finite Modelle gewöhnlicher Randwertaufgaben**
318 Seiten. DM 29,80 (LAMM)

Böhmer: **Spline-Funktionen**
Theorie und Anwendungen. 340 Seiten. DM 32,—

Bröcker: **Analysis in mehreren Variablen**
einschließlich gewöhnlicher Differentialgleichungen und des Satzes von Stokes
VI, 361 Seiten. DM 32,80

Clegg: **Variationsrechnung**
138 Seiten. DM 18,80

v. Collani: **Optimale Wareneingangskontrolle**
IV, 150 Seiten. DM 29,80

Collatz: **Differentialgleichungen**
Eine Einführung unter besonderer Berücksichtigung der Anwendungen
6. Aufl. 287 Seiten. DM 32,— (LAMM)

Collatz/Krabs: **Approximationstheorie**
Tschebyscheffsche Approximation mit Anwendungen. 208 Seiten. DM 28,—

Constantinescu: **Distributionen und ihre Anwendung in der Physik**
144 Seiten. DM 21,80

Dinges/Rost: **Prinzipien der Stochastik**
294 Seiten. DM 34,—

Fischer/Sacher: **Einführung in die Algebra**
3. Aufl. 240 Seiten. DM 21,80

Floret: **Maß- und Integrationstheorie**
Eine Einführung. 360 Seiten. DM 32,—

Grigorieff: **Numerik gewöhnlicher Differentialgleichungen**
Band 1: Einschrittverfahren. 202 Seiten. DM 19,80
Band 2: Mehrschrittverfahren. 411 Seiten. DM 32,80

Hainzl: **Mathematik für Naturwissenschaftler**
3. Aufl. 376 Seiten. DM 34,— (LAMM)

Hässig: **Graphentheoretische Methoden des Operations Research**
160 Seiten. DM 26,80 (LAMM)

Hettich/Zencke: **Numerische Methoden der Approximation und semi-infiniten Optimierung**
232 Seiten. DM 24,80

Hilbert: **Grundlagen der Geometrie**
12. Aufl. VII, 271 Seiten. DM 26,80

Fortsetzung auf der 3. Umschlagseite

Teubner Studienbücher Fortsetzung

Mathematik

Jeggle: **Nichtlineare Funktionalanalysis**
Existenz von Lösungen nichtlinearer Gleichungen. 255 Seiten. DM 26,80

Kall: **Analysis für Ökonomen**
238 Seiten. DM 28,80 (LAMM)

Kall: **Lineare Algebra für Ökonomen**
184 Seiten. DM 24,80 (LAMM)

Kall: **Mathematische Methoden des Operations Research**
Eine Einführung. 176 Seiten. DM 25,80 (LAMM)

Kohlas: **Stochastische Methoden des Operations Research**
192 Seiten. DM 25,80 (LAMM)

Krabs: **Optimierung und Approximation**
208 Seiten. DM 26,80

Müller: **Darstellungstheorie von endlichen Gruppen**
IX, 211 Seiten. DM 24,80

Rauhut/Schmitz/Zachow: **Spieltheorie**
Eine Einführung in die mathematische Theorie strategischer Spiele
400 Seiten. DM 32,– (LAMM)

Schwarz: **FORTRAN-Programme zur Methode der finiten Elemente**
208 Seiten. DM 23,80

Schwarz: **Methode der finiten Elemente**
2. Aufl. 346 Seiten. DM 36,– (LAMM)

Stiefel: **Einführung in die numerische Mathematik**
5. Aufl. 292 Seiten. DM 32,– (LAMM)

Stiefel/Fässler: **Gruppentheoretische Methoden und ihre Anwendung**
Eine Einführung mit typischen Beispielen aus Natur- und Ingenieurwissenschaften
256 Seiten. DM 29,80 (LAMM)

Stummel/Hainer: **Praktische Mathematik**
2. Aufl. 368 Seiten. DM 36,–

Topsøe: **Informationstheorie**
Eine Einführung. 88 Seiten. DM 16,80

Uhlmann: **Statistische Qualitätskontrolle**
Eine Einführung. 2. Aufl. 292 Seiten. DM 38,– (LAMM)

Velte: **Direkte Methoden der Variationsrechnung**
Eine Einführung unter Berücksichtigung von Randwertaufgaben bei partiellen
Differentialgleichungen. 198 Seiten. DM 26,80 (LAMM)

Vogt: **Grundkurs Mathematik für Biologen**
224 Seiten. DM 21,80

Walter: **Biomathematik für Mediziner**
2. Aufl. 206 Seiten. DM 22,80

Winkler: **Vorlesungen zur Mathematischen Statistik**
276 Seiten. DM 26,80

Witting: **Mathematische Statistik**
Eine Einführung in Theorie und Methoden. 3. Aufl. 223 Seiten. DM 26,80 (LAMM)

Preisänderungen vorbehalten